築夢與圓夢

　　我一直很喜歡閱讀和寫作，也深深為文字的魅力所著迷。

　　學生時代有個夢想，希望用文字表達自己的想法或感受，投稿或參加徵文比賽是自我檢驗文筆的途徑。多次獲報紙副刊主編的青睞，數次徵文得獎，忝獲全國學生文學獎大專散文獎，以及畢業前救國團的散文獎等，成為激勵我繼續筆耕的源頭活水。

　　「好鳥枝頭亦朋友，落花水面皆文章」，「萬物靜觀皆自得」，大自然是一本書，倘能從大自然的現象、前人的智慧和現代人生活的經驗及新聞報導中擷取寫作題材，必然豐富可

觀且貼近生活。預官退伍後，踏入杏壇成為高中物理教師，我期盼能從周遭生活環境、新聞話題或旅遊體悟等，探索與物理學相關的主題，寫出一本在地的物理科普書。文中無須物理公式，也不必解題，只需將物理概念融入文章中，提供讀者思考與驗證生活環境中的物理知識。

　　黃庭堅的名言：「三日不讀書，面目可憎，言語乏味。」提倡閱讀風氣，營造書香社會，讀者顯然是主角。如何讓讀者主動買書讀書？以寫作科普書而言，作者取材需要能貼近讀者的生活經驗，以「庶民語言」表達科學概念，而出版社也需要匠心獨運的企畫及別出心裁的編輯，才能吸引讀者閱讀，進而產生共鳴。

　　這本《生活物理 SHOW！》就是在「寫出

一本在地的物理科普書」的想法中築夢，踏實地依循寫作計畫取材與書寫，以陶淵明「彼，亦人子也，善遇之」的同理心，參酌幼獅文化公司編輯同仁的真知灼見，站在讀者的立場一修再改，終於付梓圓夢。

劉勰《文心雕龍》有段話：「操千曲而後曉聲，觀千劍而後識器。故圓照之象，務先博觀。」廣泛閱讀才能積學儲寶，建構知識，增進理解能力。築夢與圓夢之餘，期待這本包含「休閒運動秀」、「魔幻聲光秀」、「生活實鏡秀」的物理科普書能引起讀者學習物理的興趣，也能培養口語表達「言之有物」的能力，並呼應十二年國民基本教育的「會考」和「特色招生」的閱讀力。當然，這本書也適合一般

的社會大眾閱讀，不必記得物理公式，也能透過閱讀而增進科學知識，成為親朋好友聊天和親子共讀的素材。

　　先母雖不曾上學，也不識字，生前卻一直鼓勵我讀書與寫作。謝謝母親，也謝謝幼獅文化公司，我曾在盡心盡力教學之外，繼續在閱讀和寫作上努力築夢，踏實圓夢。

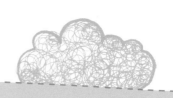

休閒運動秀

 三分球逆轉——
林書豪如何命中籃框？

2012 年，紐約尼克主場因主力球員受傷，由林書豪替補上場，僅以三場比賽便席捲 NBA，自此一戰成名，「林來瘋」成為當年最紅的新興名詞。不過，儘管林書豪最犀利的得分武器就是切入上籃，但球迷和球評更期待他能提高三分球長射的命中率。

打籃球是全方位的競技運動，包含運球、投籃等，每項動作都深含運動力學的祕密。投籃，是籃球比賽最基本的進攻動作，是以上肢和身體各部位協調再完成的動作，主要用到肩膀、手肘、手腕及手掌、指頭等部位的關節與肌肉。

依據力學概念，投籃後，球的運動路線是拋物

線，能不能命中，受到拋物線軌跡的影響，拋物線則受到投籃位置與籃框距離、投籃速度、角度、出手高度及球的旋轉等因素影響，也影響籃球的入籃角度。只要嫻熟運用，你也可以成為灌籃高手。

首先，我們先了解幾個數字：籃球的質量約為600公克，因男女選手不同，球的直徑為 22.8 到

23.8 公分；籃球場的範圍長 28 公尺，寬 15 公尺；
籃框直徑為 45 公分，籃框離地的垂直高度為 3.05
公尺，罰球線到籃框中心點的水平距離則接近 4.2
公尺。這些數字在在影響到投籃時距籃框的距離、
投籃的速度及出手角度。

投籃位置與籃框的距離

　　投籃距離會影響我們出手的角度和速度，以及
球飛行時是否能命中籃框的拋物線。投籃位置距籃
框較近時，拋物線軌跡較高聳，命中機率高；反之，
拋物線軌跡較平坦，命中率較低。

　　若是投籃的位置距籃框較遠，那麼，投籃的水
平和垂直分速度都要加大，合起來的速度才會大，
才有較大機會命中。也就是，必須用到更多肌力，

消耗更多的能量。研究結果顯示，距離籃框一公尺的投籃命中率，比距離 5.8 公尺高出兩倍多，比 7 公尺外高出 3 倍多。這就是為什麼中鋒喜歡在禁區「吃飯得分」的原因。

　　根據物理學拋體運動的概念，一定的出手高度和投籃距離，就會相對應地有一個投籃時最小的投射角度，依此角度投籃，既省力且允許的誤差範圍較大，命中率也較高。高大球員或採取跳投方式投籃，有利提高投籃命中率，而最好的出手角度大約在 45 度到 55 之間，但隨著投籃距離拉遠，出手的角度愈來愈接近 45 度。所以，隨著投籃距離的增加，出手的投射角度會愈來愈小，命中籃框的準確性愈差，這就是訂立「三分球」的依據。由此可見，較高的拋物線會有較大的「空心球」機會。適當的投

籃拋物線，須透過不斷的練習，使力度和角度能適

切配合才可達成。

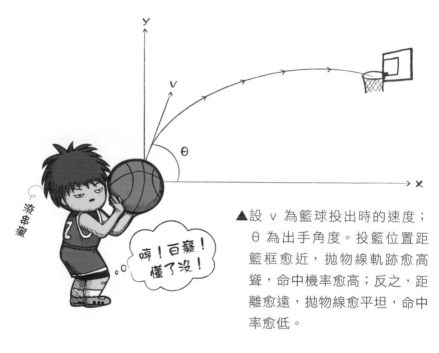

▲設 v 為籃球投出時的速度；
θ 為出手角度。投籃位置距
籃框愈近，拋物線軌跡愈高
聳，命中機率愈高；反之，距
離愈遠，拋物線愈平坦，命中
率愈低。

❀ 飛行旋轉的三分球

回過頭來看林書豪投出的大號三分球，仔細看

慢動作重播，應該可以看出球在飛行時會旋轉。

　為什麼球會旋轉呢？對投球命中率有影響嗎？

　其實，讓球旋轉是為了穩定飛行路線，提高投籃命中率。從慢動作重播中，可以看到畫面中投出的籃球呈逆時針旋轉，這是因為球的上緣和下緣受到的空氣流速和壓力並不相同。**依據流體力學白努利定理**，我們知道「流速快，壓力就小」，由於球的上緣空氣流速比下緣的流速快，下緣壓力大，使籃球受到一股「上升力」，把籃球往上「托」，球的飛行拋物線變高聳，自然就能提高投籃的命中率。

　想超越籃球場上的「林書豪」嗎？千里之行，始於足下，從基本投籃動作好好苦練就對了。

　　物體在空氣中或液體中運動時，都會受到氣體和液體（合稱為流體）的影響，物理的流體力學中著名的概念之一就是「白努利定理」，最簡單的定義是「在穩定流動的流體中，流速較快的地方其壓力較小，反之，流速較慢的地方其壓力較大。」而這個概念是根據能量守恆律推導而得。

　　物體在地球表面附近運動時，若只考慮重力作用，忽略空氣阻力的影響，如果此物體被斜向拋出，例如打籃球時投三分球時，便會發現拋射角度為 45 度左右時，球的飛行水平射程可達到最遠。

　看過電視轉播的籃球比賽嗎？當林書豪投籃時遇到更高大的球員防守他時，他的投籃方式會採用高拋式，請問這有什麼好處呢？

休閒運動秀

鈴木一朗教你打棒球

　　剛達成職棒生涯四千支安打紀錄的「打擊之神」鈴木一朗是棒球迷心目中的英雄，他是毫無死角的恐怖左打代名詞，也是紅土場上的「安打之神」。他曾十次入選美國職棒明星隊，每年安打加全壘打兩百支以上，生涯打擊率三成二二。可是，你知道棒球也跟物理學密切相關嗎？讓我們來看看鈴木一朗如何讓自己成為打擊王！

 ## 揮棒打擊——動量的變化

　　當捕手接到投手投出來的快速直球時，會感受到一股撞擊力，而且球速愈快，作用在手套上的撞

生活物理ＳＨＯＷ！

擊力就愈大，因此撞擊力與球的質量和飛行速度有關，也就是與質量和速度的乘積有關，這個乘積稱為**動量**，而動量和速度具有相同的方向。在球被投出去後的飛行過程中，球的速度或動量發生改變，作用在手套上的撞擊力也會改變。由**牛頓第三運動定律**「作用力與反作用力」可知，手套也會施 反作用力給棒球，造成棒球的速度或動量發生改變，最後靜止。

同樣的道理，投手投出棒球後，球飛行的過程中在某一時刻所受的作用力（例如被鈴木一朗擊中），便與該時刻棒球的動量變化有關。若作用在棒球的時間一定的條件下，球員施加的力愈大，棒球的動量變化就愈大，亦即表示棒球受力愈大。所以選手打球時，愈用力揮棒，動量或速度的改變就愈大。

甜蜜點——球與球棒的最佳接觸區域

要擊出既深又遠的棒球，除了打擊者的球技外，打擊點也是影響因素。棒球有所謂的「甜蜜點」，「甜蜜點」正是擊出深遠安打或全壘打時，球與球棒最佳的接觸區域，大約在距離球棒粗端頂點 15 公分左右的位置，棒球可獲得較大的飛行初速度，初速度

的量值愈大，球就飛得愈遠。另一方面，球被打出去時與水平面的夾角稱為「拋射仰角」，拋射仰角在 45 度左右時，球飛得最遠，全壘打的機會最大。

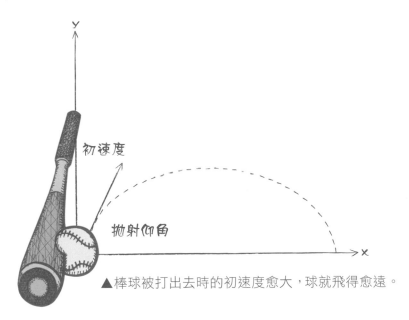

初速度

拋射仰角

▲棒球被打出去時的初速度愈大，球就飛得愈遠。

一般而言，球與球棒接觸碰撞的時間極短，揮棒的瞬間就有能量轉換，能量從球員身體到球棒，再轉移到球，這中間涉及「**作功**」與「**動能位能**」和

牛頓的運動定律。當球棒施作用力給球，同時球也給球棒相同量值的反作用力，這個反作用力可能造成球棒斷棒。此外，球棒與球的碰撞為非彈性碰撞，會損失一部分力學能轉變為熱而散失在空氣中。

✺ 高山上的球飛得比較遠

棒球被擊出後，會受到球場的**重力加速度**及空氣阻力影響。在海拔比較高的城市（如美國亞特蘭大比賽），因為球場所在地的海拔較高，重力加速度比較小，所以球可能飛得比在紐約洋基球場來得高遠。另外，空氣阻力也會影響球的飛行速度和距離，在空氣阻力的作用下，棒球的速度會持續減慢。所以，球場地點不同，重力加速度就會不同，空氣阻力的影響也不同。空氣阻力與對球的飛行速度平

方和阻力係數有關，像金鶯隊陳偉殷投出的快速球所受的空氣阻力，有可能等於一顆棒球的重量，此阻力會減緩棒球的飛行速度。

其實，影響打擊的因素很多，包括球棒的材質和重量，即使鈴木一朗對物理學不熟悉，但憑藉反覆的練習，磨練出高超的打擊技巧（如打擊時機、選球判斷、球棒選擇、甜蜜點的掌握），加上洞悉球場環境和對方投手習慣等，一樣可以締造驚人安打紀錄。

我們熟悉的牛頓第二運動定律：F＝ma（作用力＝質量×加速度），其實應該是：物體在單位時間內的動量變化，也就是動量

時變率。物體在單位時間內的動量變化愈大，表示該物體受到的外力就愈大，當然加速度就愈大。不過，請記得物體的質量會影響物體的加速度；簡單説，當承受一定外力時，物體的質量愈大，獲得的加速度就愈小。

物理脫口秀

如果鈴木一朗想擊出全壘打，打擊時須有哪些因素配合，才能心想事成？

生活物理SHOW！

為什麼高爾夫球面都是小凹洞？

　　高爾夫球又被稱為小白球，相傳高爾夫球起源於 15 世紀的蘇格蘭，當時的牧羊人在廣闊的牧場玩起擊小石頭的遊戲，道具就是趕羊的木棍，看看誰把石頭擊得既遠又準。後來玩得更起勁，訂立遊戲規則，改變球型，逐漸演變成現今的高爾夫球賽。

 ## 凹凸不平才飛得遠

　　高爾夫球賽的場地大多設在風景優美的草坪上，場地間需設置一些如高地、沙地、灌叢、水坑等天然或人工障礙。每個球洞的旁邊插一面小旗，距離洞口 100 或 500 公尺處設置一個發球點。

　　最早的高爾夫球相傳是以動物的羽毛和牛皮縫製而成，經過改良，以植物的樹脂來製造。在不斷的試驗中，發現表面光滑的高爾夫球飛行距離較短，反而是表面粗糙有凹洞的球飛得久而遠。於是，演變成現今具有凹洞的小白球，有效降低空氣的阻力而飛得遠。

　　高手競賽的高爾夫球，基本上是用橡膠嵌製而成的實心或液態球心的三層球，表面往往包一層膠皮線，塗上一層白漆，增強穩定性。其標準規格包含重量約為 45.9 公克，直徑約為 4.26 公分；球的表面大約有 300 ～ 500 個小凹洞，每個洞的平均深度約為 0.025 公分。

　　那麼，高爾夫球表面的小凹洞究竟藏著什麼祕密呢？為什麼能增加飛行的距離呢？

　　小白球在飛行過程中，受到重力、空氣浮力和空氣阻力的作用。空氣阻力與球的形狀有關，物理學上歸納為流體的「托曳力」，又細分為**形狀阻力**和**表層摩擦阻力**。形狀阻力對球形的小白球影響不大，但表層摩擦阻力對球體表面是否平滑，影響較大。

當小白球與空氣相撞

　　當小白球飛行時，一旦與空氣接觸，球體表面就會有一層空氣黏附在球身上，這一層稱為「邊界層」。當空氣接觸到圓球，沿著球的表面流過時，迎球面而來的氣流會從穩定流動的「層流」狀態轉變成「亂流」，由「層流」轉變成「亂流」的接觸邊界點稱為「分離點」，在分離點之前的區域，空氣流動呈現層流狀態；在分離點之後的區域，空氣流動呈現亂流狀態。

　　換句話說，當球與空氣交界的邊界層和小白球的表面分離時，在球的尾部形成亂流狀態的「尾流」，依據流體實驗分析，尾流對飛行中的高爾夫球是阻力，尾流區域愈寬，阻力就愈大。若是表面光滑的小白球，因其分離點較早出現，位置在球緣

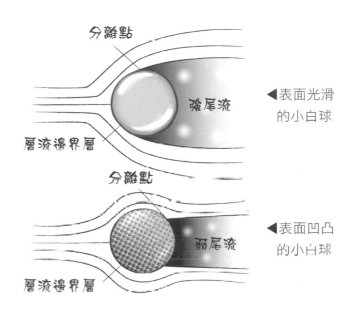

分離點

強尾流

◀表面光滑
的小白球

層流邊界層

分離點

弱尾流

◀表面凹凸
的小白球

層流邊界層

的較前端，因此尾流區域較大，阻力也較大；表面
有凹洞的小白球在空氣中飛行時，可使邊界層在球
面較後方才分離，也就是分離點較晚出現，位置在
球緣的較後端，亦即將分離點延後，尾流區域反而
較小，可以減少尾流區造成的壓力差，阻力也較小，
因此可以飛得高而遠。

　　有關物體在流體中所牽涉到的力不少，在此簡單說明**黏滯力**、**馬格納斯效應**及白努利定理。

　　當流體內部的流速不一致時，因為流體分子間具有作用力，最後會讓速度趨於一致，這種流體的特性，稱為流體的「黏滯性」。喝咖啡時，加了糖、奶精或牛奶，以湯匙攪拌時，咖啡開始轉動。取出湯匙後，咖啡轉動速度漸慢，終於停止。這種現象可以說是作用於咖啡的黏滯力與茶杯表面邊界所造成。

　　高爾夫球或棒球在空氣中飛行時，邊旋轉邊前進的球在其運動方向，會受到與運動

方向垂直的作用力，稱之為「馬格納斯效應」。依據「馬格納斯效應」，棒球、排球、足球及高爾夫球在邊旋轉邊前進的時候，都會改變行進路徑。尤其是球的表面有縫線或凹洞，更能夠使球的飛行路徑更複雜而難以捉摸。

「白努利定理」是由白努利在 1738 年所導出，基本概念乃源自於能量守恆或力學能守恆，也就是動能、重力位能及壓力作功的總合為一個定值。其結論可以簡單說明：流速快的地方壓力小，流速慢的地方壓力大。

請說明高爾夫球表面的小凹洞，有何功能？

碰碰撞撞打撞球

撞球是臺灣除了棒球之外,在國際舞臺上成績最亮眼的一項運動。撞球運動從過去刻板「彈子房」的負面形象,近年來因為成績享譽國際(例如 2012 年由周婕妤奪冠的「安麗杯世界女子花式撞球公開賽」),已逐漸扭轉成國人眼中健康的運動,國內也挹注資源積極培養選手。

撞球是一門考驗選手智慧的學問,每一球、每一桿都包含了物理學的「碰撞」概念,也涉及了數學中簡單的三角函數概念。比賽時,選手的一舉手一投足,無不充滿物理的思維。

 **碰撞概念**

　　從物理學理論來探討，在撞球檯上，母球與目標球質量相等，且球質硬度夠大，使得碰撞時間很短，損失的能量也極少，幾乎可以忽略，很接近物理學「彈性碰撞」的條件。

　　所謂「彈性碰撞」，指的是兩顆球碰撞後的總動能，會等於碰撞前的總動能。如果是「非彈性碰撞」，則碰撞後的總動能，不能回復為碰撞前的總動能，也就是說，碰撞後會損失部分的總動能。

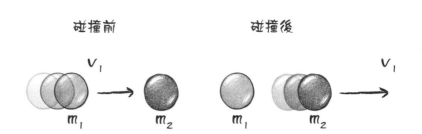

▲$m_1 = m_2$，質量相同的球相撞，碰撞後 m_1 靜止，m_2 速度為 v_1，
有如速度交換。可以表示撞球時定桿的概念。

因此，在撞球檯上，兩個質量相等的球，如果
僅考慮直線彈性碰撞，碰撞後，母球和子球會互相
交換速度。

如果兩球發生擦撞或是斜向碰撞，在母球沒有
旋轉運動的狀況下，兩球分開移動的方向夾角會是
90 度（如下圖）。

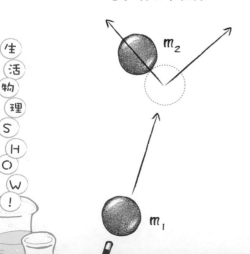

◀m_1、m_2 兩個質量相同的球，在平面
上發生斜向彈性碰撞。m_2 一開始時
靜止，m_1 具有速度，m_1 碰撞 m_2 後，
兩球運動方向的夾角非常接近 90
度。

這些現象都符合物理學中的碰撞概念，尤其是在撞球檯上打「中桿」時大致都可以成立。

✳ 定桿、推桿、拉桿

撞球中的母球有無數個擊球點，但基本上只要 9 個基本擊球點就能有效運用了。下圖說明球桿擊中母球、母球再撞擊子球後，母球的移動路徑。

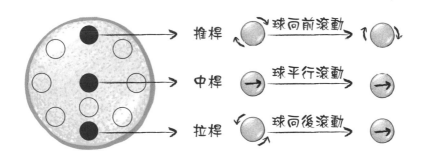

▲母球移動路徑示意圖

撞球術語中所謂的「中桿」，是指球桿的桿頭對準母球的撞擊點，恰好落在母球正中間。當母球

與目標球正面碰撞後，母球與子球就互換速度，母球會靜止在子球的原處，目標球則會向前滾動。這種打法，就是撞球迷耳熟能詳的「定桿」。

如果球桿桿頭對準母球的正中間略偏上方，母球會向前旋轉，撞擊子球後，母球會緊跟子球後方，朝同一方向滾動，這種桿法稱為「推桿」。

同理，如果球桿的桿頭對準母球的正中間略偏下方，母球會向後旋轉，撞擊子球後，子球會向前滾動，母球則會向後滾動，這種桿法就稱為「拉桿」。

定桿、推桿及拉桿是初學撞球的基本桿法。再高桿一點的打法，還有打擊母球左右兩邊撞擊點的「下塞」。母球受到球桿桿頭撞擊後，會移動又轉動，產生軌跡的變化。一旦撞擊子球後，球路更是變化多端，令人不禁感嘆「撞球學問多」。

生活物理SHOW!

打撞球時，最重要的還是要記住規則。除了希望子球進袋外，得留心別讓母球進袋「洗澡」，這樣就叫違例，會讓你的對手獲得自由球的進攻權。

物理學上討論碰撞問題時，大抵會提到三個專有名詞：「彈性碰撞」、「非彈性碰撞」和「完全非彈性碰撞」，這些名詞都有其定義，涉及「動量守恆」和「力學能守恆」的概念。

例如兩顆球碰撞後的總動能，會等於碰撞前的總動能，這是屬於「彈性碰撞」。如果碰撞後會損失部分的總動能，則是「非彈性碰撞」。生活中還有一種很常見的狀況，屬於「非彈性碰撞」的一種，就是兩個物體

碰撞後就黏在一起不分開，稱為「完全非彈
性碰撞」。例如一塊黏土掉到地上就靜止在
地面上，不會反彈。

你看過電影中撞車的情節嗎？為何有時強烈撞
車時，會產生火災？這跟碰撞後損失的動能轉換
成熱能，是否有關？

為什麼游泳時總是抓不住水？

　　美國游泳名將「飛魚」菲爾普斯，在倫敦奧運完成奧運 100 公尺蝶式三連霸，也成為金牌數與獎牌數最多的運動選手。但你知道游泳也與物理學有關嗎？

　　游泳，是與牛頓力學反作用力定律相關的運動。以不同方式游泳時，主要的推進力來源就不同，但是人在水中受到的阻力、划動頻率、划動幅度、作功、消耗能量的力學概念其實是一樣的，要討論的因素也相同！

休閒運動秀

腿部打水像搖櫓

初學游泳時，教練一定要我們先學會打水。打水涉及幾項重要的物理概念：擺動小腿和腳板時會產生作用力，當腳板稍微滑近身體的中心軸時，擺幅比較小，水對身體的反作用力，會幫助人向前移動。但是，如果雙腳擺動時較遠離中心軸，也就是擺動幅度過大，則會適得其反。因此，打水時，腳的擺幅不宜過大。

◀腳板伸直內八字，往下打水時略滑向身體的中心線，有如搖櫓的動作，可增加推進力。

生活物理SHOW！

若要游得快，就要獲得比較大的推進力，同時減少水中的阻力。由牛頓第二運動定律可以知道，當身體的質量不變而增大加速度時，可以獲得較大的作用力。加速度的方向和力的方向一致時，作用力愈大，產生的加速度就愈大。因此腳在打水時要加速，增加人在水中移動時的動量，以獲得較大的推進力。

 ## 手與水的舞蹈

據專家的說法，捷泳（自由式）時的速度，百分之七十是來自雙手，百分之三十來自雙腿。捷泳時，必須左右手交互划水，手要確實與水接觸，才能產生有效的反作用力，好讓身體前進，而且要盡量延展身體與手的動作，才能划動較多的水。如果

手的力量不夠，可以划慢一點，不要因為想划得快，而讓動作變形或手部太快滑出水面。動作不正確時，容易增加水對身體的阻力，即使划得快，效率還是不高。

游泳時的「推進力」主要由手臂和腿部產生，手臂划水比腿擺動產生的推進力還大。游泳選手為了加大划水推進力，會運用肢體的「圓運動結構」，採用曲線划水等技術。（如右圖）如捷泳的 S 形划水，讓選手獲得較大的划水面積，也就是獲得較多的抓水量；並增大划水距離，以增加水的反作用力，來產生更大的推進力，藉此獲得更多的「功」，轉化成更大的動能。如果是短距離內的快速划臂，更可以獲得更大的瞬間爆發力。

生活物理 SHOW！

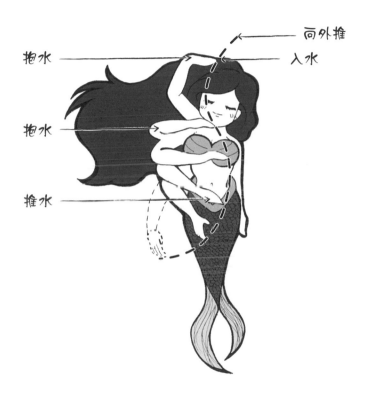

向外推

抱水 ——————— 入水

抱水

推水

▲自由式Ｓ形划水路線是目前能游進奧運的唯一方式，手臂外划抓水，再向後抱水，就像划槳，然後以平緩曲線向外划出Ｓ形，此動作揉合了划水總距離、肌肉力量及一次划水所需時間。此為由水下往上看的划水動作圖。

休閒運動秀

讓身體熟悉水的流動

水感，是讓身體熟悉水的流動。有水感的選手，知道如何用手掌抓水、推水，並讓身體受到最小的阻力，像魚一樣的在水中前進。流體力學也告訴我們，物體的拖曳阻力，取決於物體外形及其表面的粗糙度；海豚能游得快，就在於具有流線的外形，讓身體表面不易形成渦流，以減少**阻力**。

仔細觀察魚類的游動方式，就可得知要游得更有效率，「維持軀幹筆直」是關鍵，不然身體變形，姿勢不正確，就會增加水的阻力。以魚為師，直接觀察魚兒尾鰭擺動的優雅姿態，大家就能體認游泳物理學。

　　牛頓第二定律為：物體的加速度，與物體所受的力成正比，和物體的質量成反比。物體加速度的方向，則與合力的方向相同。

　　物體在運動時的「動量」是指物體的質量和速度的乘積，具有方向性。如果在一段時間內，「動量變化」很大，表示在這段時間內，物體所受的作用力也很大。

　　從物理學的觀點，游泳時，我們能移動前進，主要是靠什麼力量？

休閒運動秀

為什麼鋼鐵人不會沉到水裡？

炎炎夏日中，你最期待到哪兒清涼一下呢？有很多人會選擇投向大海的懷抱，赤腳踏上柔軟細緻的沙灘吧！

如果你的健康狀況良好，並且選擇合法立案的安全水域，夏天可有不少水上活動等你來嘗試哦！像是墾丁南灣或澎湖吉貝嶼的浮潛、香蕉船、拖曳傘、水上摩托車等，都是喜愛親近海洋的人的最佳消暑活動。

❋ 香蕉船——向心力及浮力

你知道嗎？當我們在享受水上運動時，這些活

動也包含物理學概念。原來有些水上運動就運用了向心力和浮力的原理，例如「香蕉船」。

教練會騎乘水上摩托車，用繩索連結車子與香蕉船，香蕉船載著一定人數的乘客在海面上奔馳，並且在海面上轉圈圈。

搭乘香蕉船的乘客，能在水面上順利轉圈，是靠圓周運動所需的向心力。向心力則是由繩索的拉力，與水面上的摩擦力形成的。

海浪淘淘
我不怕！

我們能坐著香蕉船浮在水面上，是靠著海水向上的浮力。當海水向上的浮力與坐在船上的人所受向下的重力平衡時，人就能順利浮在水面上。

❋ 水上鋼鐵人──作用力與反作用力

近來澳洲的水上活動出現一種新的設備，能讓遊客在海面上一飛沖天，就像電影《鋼鐵人》一樣，因此被稱為「水上鋼鐵人」。

南臺灣也有從事水上活動的業者，引進這項新設備，不過目前執掌觀光旅遊業務的政府單位，因為考量到安全問題，以及相關配套措施尚未完備，還沒核准開放。

業者以強力引擎或馬達作為噴水動力來源，連結有固定長度及柔軟度的管子和踏板。踏板上有兩

這款水上漂
裝備真是要得！

根水柱管，當遊客穿上救生衣等安全配備後，雙腳就會與踏板連成一體。

準備就緒後，業者會啟動馬達抽水，水就從踏板兩側強力噴出來。透過踏板噴水的反作用力，作為遊客前進或變化動作的動力。

乘客可以透過身體的平衡及運用技巧，站在水面上或鑽入水面下再鑽出。從澳洲水上運動的畫面可以看到，利用噴出水柱的反作用力，甚至可以讓遊客一飛衝天到七、八公尺高！

水上鋼鐵人的基本物理概念，與火箭升空或炮彈離開炮身的道理類似，都是運用「作用力與反作用力」及「系統動量守恆」的概念設計而成。

　　火箭升空時，必須從內部不斷噴出燃料，獲得反作用力而上升；而射擊手擊發大炮的瞬間，炮彈向前運動，炮身也會同時向後運動。

　　當水上鋼鐵人的踏板兩端噴出水柱時，人與踏板也獲得一股反作用力，向相反方向運動。只要遊客能善用水柱及身體的平衡感，遵守遊戲規則，就能玩得安全且盡興。

　　儘管「水上鋼鐵人」看起來很刺激，「安全」仍是最重要的原則。如果配備不齊全，設施仍有顧慮，尚未通過法令檢核，千萬不要輕易嘗試！

　　牛頓的「作用力與反作用力」定律，是指當物體甲施力給另一物體乙時，乙物體也

會同時施加一個反作用力給甲，而且作用力與反作用力的量值相等，方向相反。例如水柱從「水上鋼鐵人」的踏板噴出時，可以説踏板給水柱作用力，而水柱也同時給踏板反作用力，因此踏板和人就具有運動的動力。

什麼是「系統動量守恆」呢？

當水柱噴出時，具有水的質量和速度相乘的「動量」，這時候，踏板和人也具有一樣大小的「動量」。這兩個動量的方向相反，因此可以維持水柱噴出瞬間的「動量守恆」。

物體在水中會受到哪些力量？水上鋼鐵人活動的主要基本物理概念是什麼？

單車騎士玩具——
腳踏車速變！變！變！

　　腳踏車，又名單車或自行車，也有人說「鐵馬」，徐志摩的文章中則稱它為「自轉車」。據說最早的腳踏車來自法國，經過英國人改良後，由傳教士引入世界各國。腳踏車是人類的良朋益友，除了代步外，呼朋引伴一起騎腳踏車，不僅紓解壓力、節能減碳，沿途欣賞美景外，更能強健體魄，一「騎」多得。

為什麼踩著腳踏車可以前進？

　　騎腳踏車為什麼能夠順利轉彎、能變速呢？為什麼我們不會摔車呢？它的驅動原理是什麼呢？

　　不論是單車、機車、汽車或火車，都必須依賴

接觸面的摩擦力，才能在路面或接觸面行駛。沒有摩擦力，車輪會打滑，「行」不得也。簡言之，車子要加速或減速，都需要仰賴摩擦力，也就是車子行駛時，「快」也摩擦力，「慢」也摩擦力。其中與摩擦力息息相關的是「車輪」。

當我們的腳施力於踩踏板時，造成的力矩傳至後輪，驅動車子前進，所以後輪稱為「驅動輪」，前輪則跟著後輪前進，故前輪稱為「從動輪」。這兩輪與地面之間的摩擦力並不相同。後輪受到地面摩擦力的方向而向前，「向前」是指車子對地面前進的方向，前輪受到地面的摩擦力而向後。（如下圖）

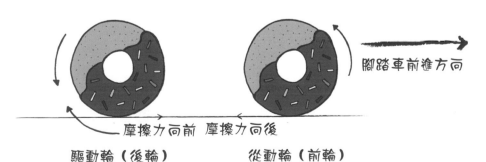

▲前輪、後輪與地面摩擦力示意圖

　　當後輪與地面接觸瞬間時的位置，車輪等於把地面向後推才能前進，所以車輪具有向後運動的傾向；但對地面而言，是把後輪向前推進，後輪才能前進，所以後輪是受到地面的摩擦力方向向前。而前輪是受到後輪轉動所產生的力才跟著向前，所以腳踏車前進時，前輪與地面接觸瞬間位置的摩擦力向後。

　　以純滾動而言，腳踩踏板所造成的動力傳到後輪，使後輪產生順時鐘的**力矩**，稱為「驅動力矩」。另一方面，前輪與地面接觸瞬間的接觸點並沒有滑動，此時的摩擦力為靜摩擦力，對前輪中心產生順時鐘方向的力矩。

單車騎士的玩具：變速腳踏車

除了車輪外，腳踏車還需要齒輪。齒輪轉的圈數與其半徑成反比，如果以大齒輪帶動小齒輪轉動，這時小齒輪轉得比大齒輪快。當驅動腳踏車時，我們的腳踩踏板，踏板連接到人齒輪，藉由鍊條將動力傳到後輪中心的小齒輪，小齒輪轉得較快，又帶動後輪較大的移動距離。（如下圖）這種設計屬於省時但費力的腳踏車。

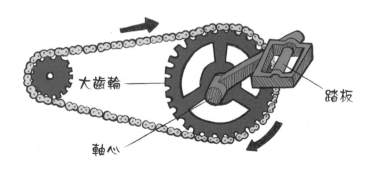

▲腳踏車踏板與齒輪的運作示意圖

　　市面上所販售的「變速腳踏車」都是精巧的設計，可隨路面坡度調整變速，稱為「變速段變」。所謂「變速段變」是指「大齒盤齒片數 × 飛輪齒片數」，又稱為「齒比」。例如，大齒盤有 3 齒片，後車輪的飛輪有 9 齒片，3 乘以 9 等於 27，我們便稱「27 段變速腳踏車」。

　　腳踏車的性能主要由「齒比」決定；假設齒比為 3，表示大齒盤的齒數是飛輪齒數的 3 倍，腳踩

我走先！

糟！
倒退嚕！

踏時轉動一圈，後車輪便轉動三圈。由此可知，齒比愈大，車速愈快。

當我們騎著變速腳踏車，若想在平地上騎快些，就以較大的「齒比」騎車，此時踩踏的力道也需要較大，但車速較快；如果遇到爬坡路段，則採用較小齒比，車速稍慢，但比較輕鬆。

為什麼腳踏車是兩輪的？

大家有沒有想過，為什麼騎腳踏車轉彎時可以保持平衡？腳踏車只有兩輪，不是很容易倒下來嗎？

腳踏車轉彎時，必須靠路面給的靜摩擦力和**正向力**作為向心力，轉彎時身體略微向一側傾斜，可以獲得足夠的向心力。

運動中的腳踏車為什麼比靜止中的腳踏車來的容易平衡？這個問題涉及「角動量」觀念，其公式

是：角動量＝轉動半徑 × 質量 × 速度，換句話說，物體的質量愈大、軌道切線的速率愈大、轉動半徑愈大，則角動量就愈大。運動中的腳踏車輪胎在旋轉中具有角動量，輪胎的角動量愈大，就需要一個更大的力矩來改變角動量的方向，因此就愈不容易改變行進方向，也就是不容易傾倒，比較不會摔車。

如果大家希望愛車長久相伴，就必須愛護、保養和正確使用愛車。換檔時，不要太焦急，注意「齒比變化」不要瞬間過大，才不致傷車又傷己，否則不僅影響愛車的機械操作，也容易造成膝蓋的運動傷害。

與「轉動」相關的有兩個重要的物理學專有名詞：力矩和**角動量**。説明力矩和角動

量時，必須先找轉軸點，也就是找轉動時的支點，否則結果會不同，這與找座標，再來討論相對位置是一樣的道理。

　　力矩決定轉動的難易度，力矩愈大，愈容易轉動。角動量愈大，則愈不容易改變行進方向。

　　如果要進一步詳細討論腳踏車的物理概念，可以談論「進動」，將腳踏車的兩把手不停地左轉右轉交替進行，不要停下來，車子就不會傾倒。這是腳踏車的進動現象。

物理點子手

　　騎腳踏車時，前後兩輪受到路面的摩擦力方向如何？是否相同？

放手不放手？
——拔河競賽比力氣？

拔河是一項能體現團隊凝聚力、增強學生集體榮譽感的體育運動。2010 年 2 月起，景美女中拔河隊的優異成績及艱辛的訓練過程逐漸受到國人矚目；2013 年更拿下世界拔河錦標賽 540 公斤級冠軍；其努力不懈的奮鬥過程，更被改編成電影《志氣》，搬上大銀幕。

不過大家是否想過拔河比賽的致勝關鍵是什麼呢？拔河比賽真的是比力氣大小、比身材胖瘦嗎？

❄ 作用力與反作用力

根據牛頓運動第三定律「作用力與反作用力」的概念，當我們施力於一個物體，想改變物體的運

動狀態時，物體因為要維持原有的運動狀態，就會產生一股大小相等但方向相反的反作用力，來反抗外力對它的作用。

在拔河時，大家合力拉繩子，每個人所受的「反作用力」，就等於本身對繩子的「拉力」。簡單來說，對於拔河比賽的兩支隊伍而言，甲隊施給乙隊拉力時，乙隊也會同時給甲隊相同量值的拉力，只要繩子拉緊，不論雙方誰的力氣大，兩方的力一定大小相等，所以力氣的大小不是勝負的關鍵。

既然雙方的力一定相等，那何必比賽呢？

最大靜摩擦力

如此說來，兩隊間的拉力就不是決定輸贏的關鍵因素了。那拔河比賽的致勝關鍵究竟是什麼呢？

從兩隊受力的觀點切入，只要隊伍所受的拉力，小於隊伍與地面接觸的最大靜摩擦力，那這個隊伍就會不動如山。這麼說來，「增加選手與地面的摩擦力就是致勝關鍵」囉？

答對了！選手比賽時，穿上鞋底有凹凸花紋的鞋子，能夠增加地面的粗糙程度，亦即增大鞋底與地面的摩擦係數，就能增大最大靜摩擦力。另外，選手的體重愈重，愈可以增加地面對人的垂直支持力或稱為「正向力」，如此一來，也能增加最大靜摩擦力。由此可見，最大靜摩擦力與接觸面的摩擦係數，以及接觸面對人或物體的正向力有關，也就

是接觸面愈粗糙，摩擦係數愈大，體重愈重，正向

力愈大，接觸面的最大靜摩擦力也就愈大，物體就

更不容易被移動。

運用物理概念提升拔河技巧

但是在分量級的國際比賽中（如景美女中選手

拿下世界拔河錦標賽 540 公斤量級冠軍），同一量

級的比賽中，因為重量相同，因此體重就不是影響比賽結果的關鍵因素；大多數會影響比賽結果的因素，應該是選手增胖或減肥的心理，以及比賽時心態和技巧的應用。

其實，拔河比賽的輸贏，除了企圖心、意志力外，絕大部分是整體團隊技巧的訓練是否精良的問題。例如，腳在用力蹬地板時，可以在短時間內使地面對人產生超過自己體重的正向力。又如向後仰時，可以藉由對方的拉力，來增加地面給人的正向力，最後，就是要增加最大靜摩擦力來克敵致勝。

讓我們向這群訓練有素、懂得運用物理概念的景美女中拔河隊師生致敬！

生活物理SHOW！

　　物理學上所談的「摩擦力」，定義可說非常嚴謹，也算複雜，因此學習摩擦力的單元時，比較容易遇到困擾。摩擦力分成「靜摩擦力」和「動摩擦力」，也可區分成「滑動摩擦」和「滾動摩擦」。一般而言，「靜摩擦力」是指物體靜止時相對於接觸面的摩擦力，摩擦力的大小並非固定不變，要看物體所處的情況和外力的大小來決定。「最大靜摩擦力」是指靜摩擦力中的最大值，例如我們用力推動一個放在路面上很重的木箱，如果想要推動這只木箱，就要用力推，直到推力大到能克服此時物體在路面上的「最大靜摩擦力」，才能順利推動木箱。

要水平推動靜止在桌面上的重物，必須達到什麼條件？移動重物時，好不好搬，跟什麼因素有關？

為什麼百米選手對鞋子挑三揀四？

2012 年奧運史上首位雙腿截肢的參賽者皮斯托里斯，一出生就缺少腓骨和踝骨，11 個月大時，膝蓋以下更被截肢，因穿載形似刀鋒的義肢，而被譽為「刀鋒戰士」。穿在他腳上的義肢呈 J 字型，由 50 到 80 層碳纖維構成，只有大約 3.6 公斤重；為了讓它更適合跑步，還加上一條釘鞋鞋底。

釘鞋的學問

為什麼田徑場上要穿釘鞋？依據運動科學的研究，釘鞋最重要的功能在於鞋底的硬度和抓地力，所以釘子的分布也是有學問的。

風火輪鞋
架厲害啊！

活力十足！

　　跑百米的選手，在比賽時穿上釘鞋，好像踮著腳尖跑，他們運用大腿後側的肌肉，並且會利用腳掌往下往後「挖」來衝刺，從力學觀點來看，此舉可獲得地面施給人體的反作用力，將人向前推進。因此，釘鞋的釘子只分布在腳底受力最大的腳尖，以便加強腳尖的抓地力和往下挖的力量。

　　此外，短跑選手雖然只用腳尖跑，但是當腳尖向下「挖」時，腳跟還是會跟著往下壓，這時候，選手必須再花力氣把腳跟往上提，這麼一來就會拖慢速度。改善之道，就是加強短跑用釘鞋鞋底的硬

度，只要鞋底夠硬，就能夠支撐整隻腳，讓腳弓不易彎曲，每跑一步就可以快上 0.001 秒，讓成績往上提升，甚至打破紀錄。

　　不過 100 公尺和 200 公尺短跑的鞋子有一點差異。依據人體工學和跑道的設計，200 公尺比賽會遇到彎道，跑彎道時需要足夠的向心力。向心力的效應會使選手跑步時左腳向外側偏，右腳向內側偏，所以必須穿上一雙強化側邊結構的跑鞋，保持穩定，避免運動傷害。就像車子要有好輪胎，才能在轉彎時依賴輪胎與地面的摩擦力，以及地面的垂直作用

力（稱為正向力），來提供車子足夠的向心力，以順利轉彎。

✱ 為不同運動量身訂做鞋底

除了短跑，其他運動比賽的選手（例如長跑、排球、網球、籃球等）也常需要在比賽場上跑動，可是他們所穿的鞋，就與短跑選手不一樣。長跑選手跑步是水平方向推動，步伐頻率比較慢，腳在地面的時間比較長，所以鞋子要比較軟而且有避震功能。排球、網球、籃球選手必須折返跑或常常不預期的急停剎車、轉彎，因此必須加強鞋子側邊結構和強度。

運動競賽愈來愈專業，穿鞋的品質也愈來愈嚴謹，即使是籃球鞋，打不同位置的球員，穿的鞋也

生活物理SHOW！

有差異，甚至還細分成中鋒鞋、後衛鞋和前鋒鞋，因為籃球場上五個人專司不同職責，大前鋒和中鋒需要搶籃板，鞏固禁區；小前鋒和得分後衛常需要切入或急停跳投，腳底用力的部位不同，為了預防運動傷害，降低作用在人體上的衝擊力，就必須具有最佳的避震功能和良好的彈性，讓選手輸出的能量能完全轉移在運動表現上。

　　跑步和打球時，我們能在地面上移動，主要憑藉地面的摩擦力和反作用力。沒有摩擦力，我們就寸步難行，無法獲得加速度；沒有作用力與反作用力的互動，我們也無法優游自如。

轉彎時必須仰賴向心力，沒有向心力或向心力不足，我們會被甩出軌道。向心力需要由外力提供，例如地面的摩擦力或繩子的張力或地球的引力；人造衛星能在空中環繞地球做周期運動，就是地球與人造衛星之間的萬有引力提供衛星作為向心力。

運動時，為何要穿適當的運動鞋？請從物理學的觀點加以說明。

民國〇〇年〇〇月〇〇日

值日生：牛燉

休閒運動秀

民國○○年○○月○○日

值日生：牛燉

休閒運動秀

魔幻聲光秀

我們之間有共鳴嗎？──
聲波的共振

2005 年，在「愛因斯坦年」紀念活動時，會中把發出強烈聲響的揚聲器連接至玻璃杯，結果玻璃杯破裂。

著名的男高音卡羅素在一次演唱上，將桌上的水晶酒杯唱破。這不是金庸小說中金毛獅王謝遜在王盤山試刀大會上，以一招「獅子吼」技壓群雄的小說情節嗎？

聲音，到底藏著什麼樣的神奇力量呢？

空氣──讓我們聽得見聲音

我們會聽到聲音，是因為發聲體振動，也就是

說，聲音是由於物體振動而產生。例如，人的發聲，
是由於聲帶的振動；音叉的發聲，是因為敲擊音叉，
使音叉臂振動。這些因振動而發出的聲音，是如何
傳到我們的耳朵，讓我們聽見的呢？

每一種物體的振動現象不同，聲音傳源方式也不同，我們才會能聽到各種聲音。

魔幻聲光秀

　　讓我們來做個實驗，平常我們可以聽見手機發出的聲響；但是，如果把手機放入玻璃罩中，並逐步抽掉玻璃罩中的空氣，你猜將會發生什麼狀況呢？手機鈴聲會變得愈來愈弱，最後完全聽不到。為什麼呢？

　　簡言之，**聲波**是一種力學波，聲波的能量要靠**介質**才能傳遞出去。當物體或聲源振動發出聲波，聲波經由空氣分子擠壓造成疏密變化，也就是產生壓力變化，傳到人的耳膜，造成耳膜同**頻率**的振動，我們就「聽見聲音」。所以，如果沒有空氣，我們除了活不下去外，也無法聽見聲音，因為振動所產生的能量必須藉由空氣分子等介質才能傳到我們的耳中。

生活物理SHOW！

✳ 共鳴——讓樂器發出悠揚的旋律

聲音除了必須藉由介質才能傳遞之外，聲波的共振，就是我們常說的「共鳴」，也能傳遞聲音。

樂器能夠發出樂音，就是因為有「共鳴」。如果古典吉他只有弦，沒有共鳴箱，還能發出樂音嗎？讓我們以下列例子說明。

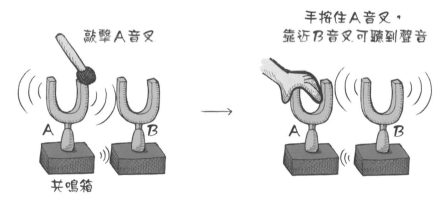

敲擊A音叉

共鳴箱

手按住A音叉，靠近B音叉可聽到聲音

上圖的 A 和 B，是兩座頻率相同且附有音箱的音叉，如果使兩音箱的開口相對，敲擊 A 音叉後，

立即按住使其停止振動，仍可以聽到 B 音叉振動發出的聲音。這是因為 A 音叉振動時，透過 A 的共鳴箱將所產生的聲音放大，並傳入 B 音叉的共鳴箱，使 B 音叉產生共振。音叉振動時，若置於共鳴箱上面，則音量較大，聽得比較清晰，這就是「共鳴」。

古典吉他、二胡、琵琶等樂器運用弦線振動而發出聲音，但是弦線很細，振動產生的能量很小，聲音很微弱，不容易被人耳接收，因此必須加裝共鳴箱。當弦線振動，讓箱內的空氣與弦線產生相同的振動頻率，引起共鳴箱的共鳴，產生較大的能量，使我們聽得更清晰。打鼓時也是一樣，鼓面振動時，引起鼓內空氣的共鳴，發出如雷灌耳的鼓聲。

所以，當揚聲器發出的頻率調整至與玻璃杯自然頻率相同時，玻璃杯於是劇烈振動而破裂。卡羅

素唱到高音時，因為聲波的頻率正好和水晶杯的自然頻率一致，所以聲波與水晶杯共振而震破水晶杯。

　　樂器有共鳴，那是聲波共振；我們人也有共鳴，那是「思維共振」，是「於我心有戚戚焉」，當別人說了一句話，而你有相同的感受時，也可以說「產生共鳴」呢！

魔幻聲光秀

　　「**駐波**」是波動的一種現象，「駐」可以解釋為停止在一固定區域，因此「駐波」表示波傳遞的能量只能在固定區域內傳遞或轉換，卻無法傳到兩端以外的區域。當波在一根弦上向右傳播後又被反射，所以兩波的行進方向相反。（如圖 a）

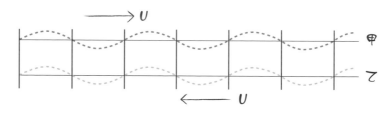

▲（a）駐波示意圖

　　吉他、胡琴等弦樂器，能夠演奏出不同音調的旋律，就是利用一根弦在兩固定端產生駐波造成的。管樂器也同樣運用了駐波。

　　模擬弦樂器（如圖 b、圖 c），將細弦

的一端固定在振盪器上，另一端跨過定滑
輪，並懸掛一重錘，使繩弦繃緊。當振盪器
振動時，所產生的波動，會自 A 點沿細弦
傳到 B 點後反射回來成為反射波，與入射波
交會重疊，就可以形成駐波。而發出不同頻
率的駐波，就是弦樂器能發出不同音調的原
因。圖 c 的頻率是圖 b 的 2 倍，所以音調比
圖 b 還高。

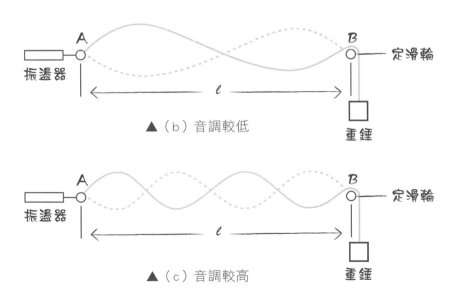

▲（b）音調較低

▲（c）音調較高

物理脫口秀

弦樂器發出聲音是利用共鳴概念，請問像長笛、梆笛等管樂器也是如此嗎？請舉例說明。

夜半鐘聲到客船——聲音的遊戲

　　每到選前或年底，住家附近總會有氣鑽機鑽路面的聲音震天價響，四周的窗戶也跟著振動。突然過大的聲音如爆炸、槍聲等高能量聲波，傳進耳朵裡，可能造成聽力永久受損。

　　聲波為力學波的一種，能透過空氣等介質傳遞能量。聲波的傳遞時具有波動的特性：**反射**、**折射**和**繞射**。

空谷回音——聲波反射

　　聲波遇到障礙物時會發生反射現象。對空曠的山谷裡大喊，聽到的回聲就是聲波的反射。

　　一般而言，回聲接收和原聲發出的時間相隔 0.1
秒以上，耳朵才能分辨出來。平常在室內不容易察
覺有回聲，主要是因為發出的聲音被周圍的衣服、
家具等物件所吸收；另一個因素是聲源與障礙物間
的距離太短。而在大禮堂中，因為聲波距離牆壁較
遠，需要較長時間才能反射回來，回聲和原聲相混，
所以常聽不清楚講話內容。

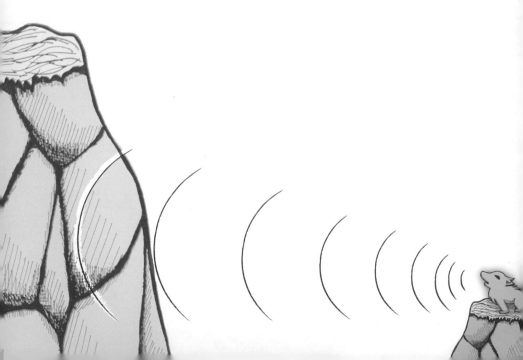

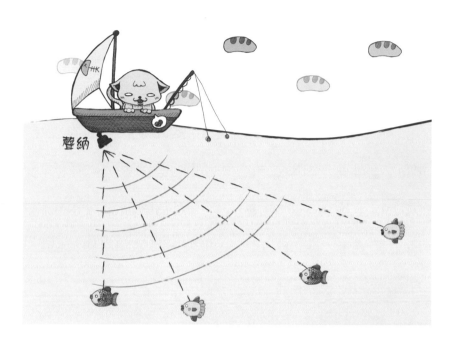

藉由聲波碰到障礙物反射回來的特性，超聲波常被用來作為探測的工具。例如船艦上的聲納，用來朝特定方向發射超聲波，可以偵測出魚群位置，或測定海底深度和地形。

如果你在野外求生時，想估計對岸峭壁的距離，以便發射拋繩器來連接河谷兩岸，可以怎麼做呢？是的，聰明的你可以利用聲波的反射。我們可以連

續拍手，直到聽到拍手節奏與回音同步時，就可以估算出來。

　　舉例來說，當 6 秒拍手 20 次時，拍手節奏正好與回音同步。如果已知空氣中聲速為每秒 340 公尺，每次拍手為 0.3 秒（6 秒 ÷ 20 次），聲波來回兩趟，所以算式是：340 公尺 × 0.3 秒 ÷ 2，得出與河谷對岸峭壁的最短距離約為 50 公尺。

　　聲波的這項特性也被應用在在醫學上，利用超音波傳入人體後，從內臟器官反射回儀器的時間不一，轉換成影像，就可以看到內臟器官了。

✵ 夜半鐘聲到客船——聲波折射

　　「月落烏啼霜滿天，江楓漁火對愁眠；姑蘇城外寒山寺，夜半鐘聲到客船。」唐朝詩人張繼以一

首傳唱千年的《楓橋夜泊》，讓我們想像那悠揚的夜半鐘聲，從山上越過江水傳到客船的情景。

不僅張繼，其實很多唐詩寫夜半鐘聲，我們不禁要問：難道古人只在夜半敲鐘？可能不盡然。從生活常識與物理學的角度探討，白晝人聲鼎沸，很難傾聽鐘聲，晚上清靜許多，符合科學「雜訊降低」的說法。除了夜深人靜較容易聽到鐘聲外，還有另一個因素：聲音傳播的方式。

聲波必須依靠介質傳遞能量；聲波在不同的介質中具有不同的傳播速率，傳播速率不同，傳播方向就會發生變化，稱為「聲波折射」。

聲波在密度高或溫度低的空氣中，傳播速度較慢，就容易產生折射。白天時，靠近地面處，溫度高，聲速快，晚上時，地面溫度低、聲速慢；高空處恰

好相反。所以晚上高處的聲音會往下折射，白天則

變為由下往上折射（如下圖所示）。

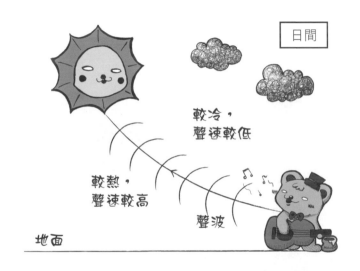

因此，從「月落烏啼霜滿天」一句可推論，當時應為秋天的夜晚，秋夜寒冷，愈靠近地表，溫度愈低。客船在低處，而寒山寺在高處，所以聲波容易向下偏折而傳到河面上，因而勾起數次應試而榜上無名的詩人心有悽悽。

隔牆有耳——聲波繞射

唐朝王維的詩中寫道：「空山不見人，但聞人語響」。在山林中看不見人，卻可以聽到樹林間人的對話聲，原因到底為何？簡單說，這是聲波的繞射現象。所謂「繞射」，是指當聲波遇到障礙物後，可以繞過障礙物繼續傳遞能量。（如下圖）當聲波波長與林木間距比較接近時，就容易發生繞射而傳出。所謂「隔牆有耳」，也是這個原理。

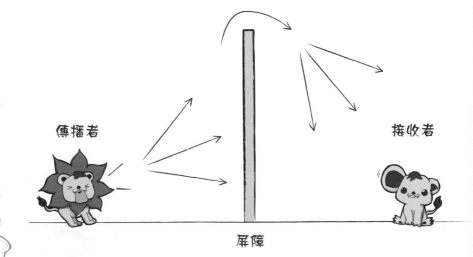

傳播者　　　　　　　　　　　　　　　接收者

屏障

生活物理SHOW！

為了讓大家比較了解折射的概念，在這裡以水波說明，因為水波的折射現象比較容易觀察。

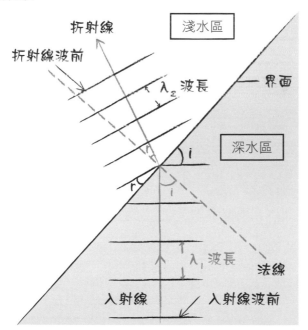

▲深水區的入射角 i 大於淺水區的折射角 r；深水
區的水波波長 λ_1 大於淺水區的水波波長 λ_2。但
是深水區的頻率等於淺水區的頻率，頻率不變。

在水槽中墊上塑膠板區分出深水區和淺水區，水波在深水區傳播時的波長較在淺水區時為長，因為水波的頻率不變，所以水波在深水區的速率較在淺水區為快。

由於水波在深水和淺水的波速不同，我們把深水區和淺水區當作不同的介質。當水波由一種介質進入另一種不同的介質時，若其入射方向不垂直於兩介質的界面，則其前進方向會發生偏折，這種現象稱為折射。

由上圖可知，水波由深水區進入淺水區，入射線和法線所成的角為入射角 i，等於入射波前和界面之間的夾角；折射線和法線所成的角為折射角 r，等於折射波前和界面之間的夾角。由實驗結果得知入射角和折射角之間的關係式如下：

$$\frac{\sin i}{\sin r} = 常數，稱為波的折射定律。$$

你能簡單說明日常生活中，為什麼我們可以聽到轉角另一邊的談話聲嗎？

魔幻聲光秀

海市蜃樓——
光線的詭計

曾有媒體報導，廣州及汕頭的居民曾看過海面上的高樓及山脈；青海柴達木盆地的一片沙丘上，更像是沙丘漂浮在水面上。

唐代詩人李白更在《渡荊門送別》描述過「月下飛天鏡，雲生結海樓」，寫出空氣中若隱若現的幻景。明朝陸容也在《菽園雜記》記載：「蜃氣樓臺之說……或以蜃為大蛤……或以為蛇所化。海中此物固多有之。然海濱之地，未嘗見有樓臺之狀。」

甚至，《聖經》中「摩西過紅海」有一說是光線變化的幻影，其實可藉由光的折射解釋這則神話故事。

可見古今中外皆有「海市蜃樓」物理現象。

光線的折射與反射

成語「海市蜃樓」的「蜃」為大蛤，原是指海邊或沙漠中因為光的折射，在空中或地面出現虛幻的樓臺城郭。

在了解海市蜃樓之前，我們得先知道什麼是光的折射和反射。

所謂光的「反射」，就是光投射到兩種不同介質的交界面時，會有部分光線射回原介質中，稱為光的反射；入射光線、反射光線跟法線在同一平面上，且入射光線、反射光線在法線的兩側；而且入射角等於反射角。

所謂光的「折射」，就是當光線從一種介質（如玻璃）進入另一介質（如空氣）時，由於介質不同，光線的行進速率便不同，所以不會沿著原來方向繼

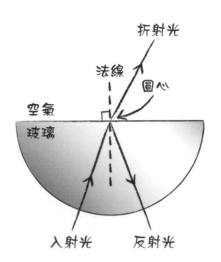

▲圖 1 當光從玻璃進入空氣時，會有部分光線回玻璃，稱為「反射」，入射角等於反射角，並與法線在同一平面。由於介質不同，光線的行進方向會發生偏離，稱為「折射」。

續直線前進，反而發生偏離，就叫作折射。（如圖 1）

　　如果入射光是由密度高的介質（如水）進入密度低的介質（如空氣），折射光會偏離法線，當偏離角度愈來愈大，與法線形成 90 度時，此時的入射角稱為臨界角。當入射角大於臨界角時，表示入射光無法穿越介質，全部反射回來，形成「**全反射**」現象。（如圖 2）

生活物理 SHOW！

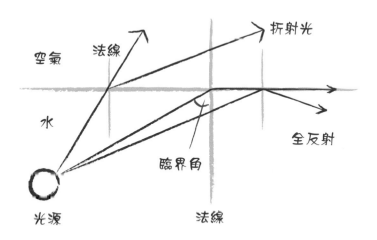

▲圖 2 當光由高密度介質進入低密度介質時，折射光會偏離法
　　線，當偏離角度與法線形成 90 度時，此時入射角稱為臨
　　界角。當入射角大於臨界角時，表示入射光無法穿越介
　　質，形成「全反射」。

 為什麼在沙漠中看到綠洲幻影？

「海市蜃樓」就是光在密度不均勻的空氣（即
介質不同）中傳播而產生的現象。

當氣壓一定時，隨著氣溫的升高，空氣密度降
低，對光的**折射率**也隨之減少；反之，氣溫降低，
空氣密度高，折射率也隨之變大。大氣是由一層層

折射率不等的介質密接組成，夏天時，海面上的空氣溫度比較低，折射率比高層的熱空氣大，所以當遠處的山峰、樓閣發出的光線射向空中時，空氣溫度隨著高度愈來愈高，光線也不斷被折射，直至光線的入射角大於臨界角時，就會發生全反射，光線反射至地面，所以就會看到遠方夢幻景物懸在空中。

　　我們藉圖 3、圖 4 進一步說明，比較能理解海市蜃樓的現象。這兩張圖都說明光線遇到不同的介質種類或狀態時，光線就會偏折。例如光線從暖空氣進入冷空氣時，因為冷空氣和暖空氣的密度不同，因此光線移動速度由快變慢而有不同的偏折程度，顯現出光會轉彎。但因為人的眼睛視覺效果，以為偏折後的光線的延長線地方是真正的物體，其實不然，那只是真實物體的虛像，看到的虛像卻以為是真正的實體，那當然是視覺的錯覺囉。

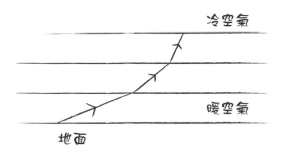

▲圖 3 大氣由一層層折射率不同的介質密接而成，當光線遇到不同介質（例如由暖空氣進入冷空氣）就會發生偏折，光線的移動速度由快變慢，就會轉彎。

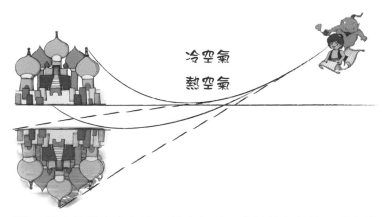

▲圖 4 當光線從冷空氣進入熱空氣時，由於熱空氣的分子之間空隙較大，光線的前端一進入熱空氣便隨著分子快速移動而轉彎，因此形成折射現象而進入我們的眼睛。我們的視覺習慣直線，隨著光線折射的延長方向看去，所以就會看到幻影。

　　海市蜃樓是光線在不同介質中傳播時所造成的虛像，是夢幻，也是寄託，許多古詩詞優美的文句中，除了隱藏著文人寄託的理想和情意外，也隱含著生活中的物理學，耐人尋味。

　　光從一介質進入另一不同的介質時，行進方向發生改變的現象稱為折射。

　　光從光速快的介質（密度低）傳入光速慢（密度高）的介質時，例如光從空氣中斜向射入水中時，其折射線偏向法線，入射角大於折射角。當光從光速慢的介質傳入光速快的介質時，例如光從水中射入空氣中時，則射出的光線偏離法線，即入射角小於折射角。

生活物理SHOW！

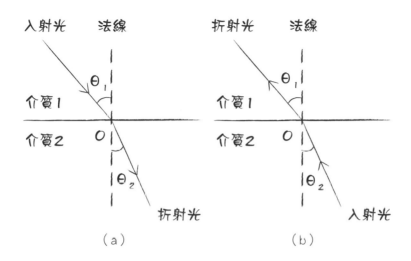

（a）　　　　　　　　（b）

　　圖（a）表示，光由介質 1 進入介質 2 時，入射角為 θ_1，折射角為 θ_2；圖（b）則相反，光由介質 2 進入介質 1 時，若入射角為 θ_2，則折射角必等於 θ_1，由此可知，光具有可逆性，會循原路徑反方向行進。

　　折射率的大小代表光的偏折程度。真空的折射率為 1，空氣的折射率非常接近 1，在一般實驗中，常以光由空氣進入介質時，

所測得的值即為該介質的折射率如下：

$$折射率＝\frac{\sin \theta_1}{\sin \theta_2}$$

這個關係式是由司乃耳（Snell Willebrord，1581－1626）發現，稱為司乃耳定律。

日常生活中，有哪些有趣的現象是光的折射所造成？

為什麼河水深淺總是看不準？

炎炎夏日的酷暑中，我們最喜歡的消暑活動莫過於「戲於溪，浴於水」了。結伴戲水固然是盛暑一大樂事，若是不諳水性，很可能會樂極生悲。

所謂「不諳水性」，除了溪流可能出現暗流漩渦外，另一個原因可能是無法準確判斷水深，讓自己誤以為水沒那麼深而導致溺水。

眼睛的錯覺

在〈海市蜃樓──光線的詭計〉中提過，光從一種介質進入另一種不同的介質時，行進方向發生改變的現象稱為折射（如圖 1）。日常生活中，常見的

現象如插入水中的吸管或筷子，看起來似乎折成兩截；雨過天青，天空出現彩虹以及夜晚星光閃爍等自然現象，都和光的折射有關。

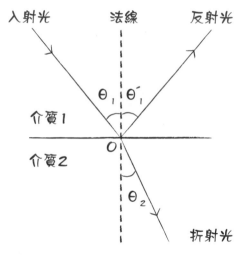

▲圖 1 光線的折射

　　我們也知道，光是沿直線前進，但因為光遇到不同的物質，在接觸面上會發生反射或折射而改變移動方向。人的眼睛在看見物體時，並不會知道光線是否發生過反射或折射，而認為光仍然直線前進，

導致所看到的物體的位置並不相同，這就是眼睛的錯覺。

▲圖 2　光線從水中射至空氣時，折射光發生偏離，人的眼睛誤以
　　　為折射後的光線延長線盡頭是實體，所以誤判水中魚的
　　　位置。

　　從圖 2 可知，當光線由水中射至空氣中時，在空氣中的折射光線偏離法線，進入我們的眼睛，對地面的人而言俯角變小，加上人的眼睛誤認光線是

魔幻聲光秀

直線前進，將折射光的延長線尾端視為真實的物體，所以總會覺得物體在水中的深度比實際深度還要淺。

有一年大學學測考題出了這樣的題目，大意是說池塘中有時滿水，有時無水。如果池塘底有一隻青蛙觀看岸邊的路燈，青蛙看路燈的高度會如何？

我們利用圖 3 說明，光由空氣（疏介質）進入水中（密介質）時發生折射，折射光會靠近法線，所以青蛙在水中觀察路燈的距離較實際距離遠。（如圖 3）

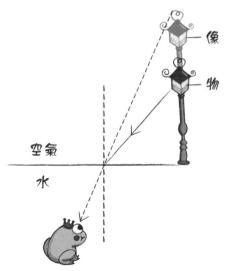

▲圖 3 青蛙從水中看路燈，路燈的高度看起來比實際高度還高。

了解了光的折射概念後，下一次到野外的溪水河流遊玩時，自然要戒慎恐懼，事先拿一根長竹竿插入水中，測量一下水深，不要輕易跳下水了。

　　水的折射率約為 1.33，從本文中可知，從岸上看水中物體的深度，約為實際深度的 3/4。反過來，從水中看岸上的物體，則是約為實際距離的 4/3 倍，看起來較遠。

　　光學理論中有一種折射的特例。我們在〈海市蜃樓——光線的詭計〉一文中得知，當入射光是由密度高的介質進入密度低的介質，折射光會偏離法線，如果入射角恰等於 48.8 度，則折射角恰為 90 度，即折射光線沿水面傳播。當入射角大於 48.8 度時，光線無法進入空氣中，這時光線將依照反射定律全部反射回水中，這種現象稱為「全反射」。例如鑽石顯得光彩奪目，乃因光線在鑽石內部多次全反射的緣故。

現在我們耳熟能詳的網路「**光纖**」通訊，也是應用全反射的概念。光纖是細如髮絲的玻璃纖維，當光射入光纖後，由於全反射，光被限制在纖芯內部傳播前進，讓我們享受到「天涯若比鄰」的便利。

游泳時戴上泳鏡，在水中可看清景物；若不戴泳鏡，即使是視力正常的人，在水中所看到的景物也模糊不清。不戴泳鏡時，無法看清水中景物的主要原因是什麼？（說明：因為光在水中的傳播速率，比在空氣中的速率更接近光在眼睛內的傳播速率，使得光由水中進入眼睛時，眼睛的折射效果與在空氣中不同，所成的像距有誤差，所以成像無法準確落在視網膜上。）

生活物理 SHOW！

光線與鏡子跳森巴

　　日常生活中，我們每天都有機會照鏡子；例如，早上出門前對著鏡子梳妝打扮；偶爾會臨時找上汽機車的後視鏡左瞧右看，看看髮型是否變形；在九彎十八拐的山路上馳騁時，車道轉彎鏡可以照出是否有來車。再看看不鏽鋼湯匙，亮澄澄的湯匙「居然」能呈現你的影像，其實湯匙凹的一面就是凹面鏡，凸的一面可當作凸面鏡。你可知道，這些都是鏡子與光線相互交融而成的效果？

平面鏡

　　我們照鏡子時，在平面鏡中看到的像，就是光

線在鏡面上反射所形成的正立等大虛像。當入射光
垂直射向平面鏡，反射光會沿原路徑反射回來。

　我們透過平面鏡所看到的物體成像，是眼睛沿
著光的反射線，向鏡後延伸交會所看到的像，稱為
虛像。平面鏡所形成的虛像與原物體比較，具有大
小相等、左右相反且物距等於像距等性質。

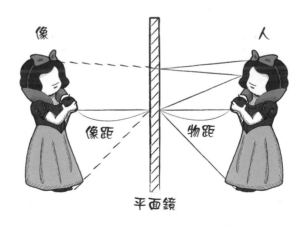

▲平面鏡成像示意圖：等大正立虛像

✿ 凹面鏡

如果將拋物面作成反射面，就成為拋物面鏡。平行於主軸的入射光投射至凹面時，其反射光線必會聚成一個焦點，而有集中光線的作用（如右圖）。

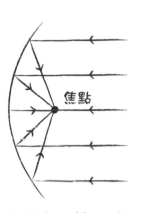

由於拋物面鏡能精確地把平行光線會聚於一點，所以非常適用於接收來自遠方的光線，例如接收無線電波的碟型天線，就能聚集遠方傳來的微弱電波，以便有效接受訊號。2008年北京奧運開幕式聖火點燃儀式，也是利用拋物面鏡把入射的陽

光會聚在焦點處，而將火炬點燃。

　　凹面鏡也有放大虛像的功能，市售的化妝鏡、汽車車前燈或手電筒就是最明顯的例子，成像原理如下圖所示。

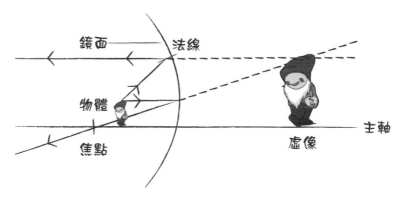

✿ 凸面鏡

　　如果將入射光投射至拋物面的凸面，則會有分散光線的作用（如右圖）。

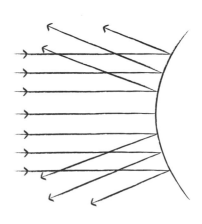

　為了行車安全，在巷口轉角處或公路的轉彎處豎立的轉彎鏡面用來反射側面來車，這些鏡面是用凸面鏡製成。車道轉彎鏡是一面凸面鏡，成像是縮小正立的虛像，可用來擴大視野，及早發現對向來車，成像原理如下圖所示。

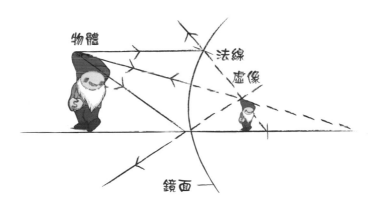

　光線與我們的生活密不可分。沒有光，我們伸手不見五指，世界暗無天日；沒有光，攝影師無法捕捉變化多端、光彩絢麗的影像；沒有光，我們更不可能享受生活的便利。尤其是多彩多姿的大自然

現象，多半要感謝光，因為光的奇妙，才讓我們的生活充滿驚奇與色彩。

　　不透明的物體被光照射時，在物體的另一邊照不到光的區域，會有影子形成，這是因為光是以直線方式傳播。完全照不到的地方稱為本影，部分光線可以照到的灰暗區域則稱為半影。

　　我們先準備一個方形盒子，一面鑽出小孔，另一面貼著半透明紙，小孔前方放置一個物體，那麼半透明紙上即可看見一個大小與原物體成比例縮放的倒立實像（如下圖）。這是因為來自物體上各點的光線沿直線行進，通過針孔射出的光線，近似於從一個點

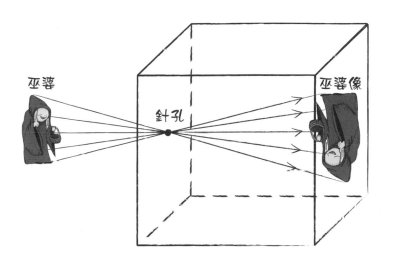

射出，抵達半透明紙時形成上下左右相反的像。針孔照相機就是利用針孔成像原理製成，半透明紙相當於感光底片。

　　不過如果針孔過大，物體各點在透明紙上的像就不會是一個點，而是一小塊模糊的影像，這種現象在自然界中也有。例如樹蔭下的光點，陽光透過葉隙篩下光線，在地面上的樹蔭可看見小小的亮圓，這是太陽經過樹葉的間隙所造成的針孔成像，這些小亮圓

就是太陽的像。針孔成像甚至可以說明日食
和月食，如果太陽、地球、月球剛好排列成
一直線，月球在太陽和地球之間，則地球上
位於月球本影區內的人就會完全看不到太
陽，形成世人矚目的「日全食」。

如果你拿著一本物理課本，站在兩面互相垂直
站立的鏡子前，看看自己和課本的像會如何？左
右相反嗎？還是沒有改變？逛街時，若看到商店
內的鏡面設計，試著照照看。

生活物理 SHOW！

哈利波特的隱形斗篷

2012 年，倫敦奧運的開幕典禮中，有一段節目是《哈利波特》的作者羅琳說故事及朗讀小說情節。這使我想起到英國旅遊時，在倫敦街頭看見大幅廣告看板刊登電影續集的造型，其中最令人矚目的莫過於「隱形斗篷」。2013 年 7 月，臺灣高中生的大學入學指考英文科作文題目是「你選擇智慧眼鏡，還是隱形斗篷？」

若是有件隱形斗篷披在身上，讓別人看不見，豈不是酷斃了！

✳ 讓光線轉個彎

　　那麼在現實生活中，到底有沒有可能出現隱形斗篷呢？其實這項哈利波特迷最想要的魔法道具已經成真了！

　　我們先了解一下，眼睛之所以能看到色彩繽紛的世界，是因為光線投射在物體上，再反射進我們的眼睛。所以，如果你的朋友站在你和一棵小樹之間，而光線卻「繞過」你的朋友，才進入你的眼睛，這麼一來，你就只會看到朋友背後的小樹，看不到你的朋友哦，也就是你的朋友變成「隱形人」了！

　　換句話說，只要你的朋友身上穿著的隱形斗篷能夠讓光線繞過去，就可以把你朋友遮蔽起來了。

　　那麼要如何讓光線繞過去呢？任何物體都有不同的折射率，才會讓我們看見，科學家經過很多年

生活物理SHOW！

▲小精靈所在的圓形區域是隱形的物體，表示光線遇到斗篷而折射轉彎，就像被斗篷扭曲，而從圓形區域旁邊繞過。

的努力，運用這個概念，讓物體不會反射，巧妙調整光線行進的路徑，好欺瞞我們的眼睛。尤其美國康乃爾大學宣稱已發展出時空斗篷，能讓某一時刻的某個物體隱藏起來。研究人員在光線中製造短暫的時間間隙，再恢復原狀，彷彿沒發生過任何變化。

　　現在你知道了，光學的折射原理可以幫你隱形。當光從一個介質（如空氣）進入另一種介質（如水

或玻璃）時，因為光在不同的介質中，傳播的速率不一樣，在兩介質的交界面就會發生偏折，這種情況稱為「折射」。如果要讓光線偏折好幾次，就得使用好幾層不同的介質，因此，隱形斗篷需要幾層不同材料組成。

讓光線轉彎的材質出現了

在一般偏折情況中，當光線通過一種物質時，入射光線與折射光線是位在法線的兩側，依據**折射率**的定義，此物質的折射率為正值，且一般大於 1，例如一般材料的玻璃折射率大概在 1.5 到 2.0 之間。

如果有一種材料，會造成入射光線與折射光線位在法線的同一側，這樣的物質折射率就是負值。請見下圖所示。

生活物理 SHOW！

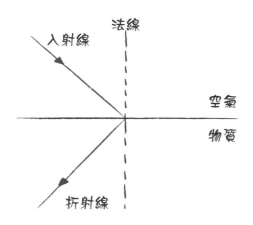

「折射率」是物質材料的物理特性，就像密度、熔點、沸點、比熱等，是辨別物體由哪種材料組成的依據。當光從空氣中進入另一種物質時，例如光從空氣進入玻璃，光線會偏折，偏折的程度愈大，表示該物質或該玻璃的折射率愈大。

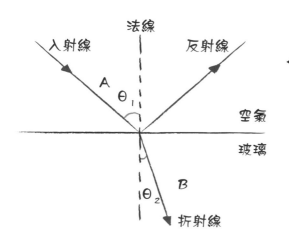

◀光從傳播速率較快的空氣進入較慢的玻璃，會發生偏折，此時折射角 θ_2 小於入射角 θ_1。圖中也顯示有部分光線反射。

　　在「吳大猷科學營」及「清華大學高中教師營」的課程中，我分別聽過加州大學柏克萊分校的學者及清大材料系嚴大任教授提過，「超」材料（metamaterial）就是「折射率為負值」的材質，這種材質就能做出隱形斗篷，讓光線轉彎。

　　看來，隱形斗篷已經不再是幻想了！

　　依據物理學的概念，每一種物質（或稱為介質）都有其物理特性，不同的介質就有不同的「折射率」，折射率不同，光傳播方向的改變程度就不同，當然就影響我們觀察光或物體的角度囉！

　　一般而言，我們討論介質的「折射率」

時，大抵是以「真空的折射率 1.0」作為比較標準。例如，水的折射率大約是 1.33，玻璃有不同的材質，其折射率大約是 1.5 ～ 1.9，這些數值代表，水的折射率大約是真空的 1.33 倍，光在真空中的傳播速率比在水中還要快，此時的光速約為在水中光速的 1.33 倍。所以，光在折射率愈大的介質中，光速就愈慢。

物理賊b秀

　　如果想要判斷手中的物體究竟是何種材質做成，可根據物質的物理特性，例如沸點、密度來幫助我們判斷，請問還可以根據哪些物理特性呢？

從蝴蝶翅膀到光碟片

如果我們把光碟片放在陽光下照射，會發現光碟片可產生像蝴蝶翅膀般的繽紛圖樣。蝴蝶翅膀上有一種鱗粉，在光線的照耀下能折射出斑斕奪目的色彩。光碟片也是一樣，光碟片的反射層有凹洞和平面，經陽光照射後，產生不同的干涉條紋；如果稍加轉動，會因照射角度不同，干涉條紋的彩色圖樣也跟著變化。

光碟片（CD 和 DVD）的出現，可說是人類儲存科技的一大突破，尤其圖書館或資料庫廠商等能以容量大、成本相對較低的方式儲存、傳遞資訊。光碟片上有凹洞和軌道，軌道愈多，軌道間的距離愈

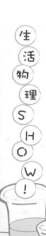

近，儲存的容量愈大，所以 DVD 盤面上的軌道比 CD 多，其儲存容量約為 CD 的 7 倍。由於光碟盤面上刻有長度不同的凹洞，雷射光可依循其反射回來的光束讀取資料。

光碟怎麼組成的呢？

那麼，為什麼光碟片能夠儲存資料檔呢？這可得從光學的「干涉」概念討論起。

一片光碟具有那些結構呢？由上往下說明光碟的組成，分別為：印有文字圖樣的表面、表面保護層、刻有凹洞的金屬反射層、光反應染料層、透明基板。

所謂「表面保護層」是指保護下層刻有凹洞的金屬反射層，避免反射層遭刮傷。刻有凹洞的金屬反射層是光碟片相當重要的部分，是雷射光讀取資

訊進而轉變成數位訊號的地方，製作時一般採用蒸
鍍金屬鋁。「透明基板」的材質必須透光強、耐熱
強韌且能保護反射層，一般採用折射率為 1.6 的聚
碳酸酯塑膠製作而成。

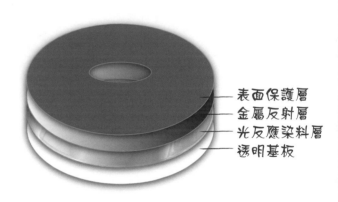

表面保護層
金屬反射層
光反應染料層
透明基板

▲光碟結構示意圖

光碟如何讀取資料呢？

　　使用光碟機讀取光碟片的資料時，入射光碟片
的雷射光遇到平面或凹洞會有反射現象。假如兩束
雷射光正好照射在金屬反射層的平面處，兩束雷射

生
活
物
理
S
H
O
W
!

光的反射光同步，物理學上稱為「同相」，它們的路徑差（或光程差）相同，因此產生的干涉為「建設性干涉」或「加強性干涉」，也就是反射光束較強。同理，如果兩束雷射光正好照射在金屬反射層的凹洞處，其反射光束也一樣造成「建設性干涉」。

　　然而，當一束雷射光照在金屬反射層的平面處，另一束雷射光卻照在凹洞處時，兩者的反射光雖然也同相，但是反射回來後的路徑差（或光程差）卻不相同，兩反射光的路徑差正好相差為凹洞深度的 2 倍，該路徑差若為雷射光波長的一半，就會發生「破壞性干涉」或「相消性干涉」，使反射光顯得比較微弱。

　　透過雷射光照射在金屬反射層的平面或凹洞處，產生不同強度的反射光，再轉譯成數位訊號的 0 及

1，經過編碼和偵測、修正後便完成數位訊號輸出程序。（如下圖）

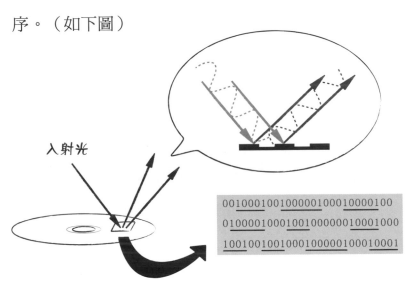

00100010010000001000100001001000100001000

010000100010010000000100010001001000100001000

100100100100010000010001000100001000010001

▲光碟機讀取光碟片資料時，入射光碟片的雷射光遇到平面或凹洞會有反射現象，再轉譯成數位訊號的 0 及 1。

近年來，科學家發現蝴蝶翅膀上的鱗粉為奈米結構，這種結構決定捕捉何種光線波長，進而決定顏色。而光碟片的設計原理運用光學的干涉概念，更進一步研發出藍光光碟，與蝴蝶翅膀顏色的組成與功能有異曲同工之妙。

　　兩個波相遇而疊加時，稱為波的干涉
（interference）。假設同一弦線上有兩個
波長、頻率和**振幅**相同的波，若兩波發生
干涉後的合成波，振幅比任一個波的振
幅大，就稱為建設性干涉（constructive
interference）。

　　如果合成波的振幅正好為兩波振幅之
和，則稱為完全建設性干涉（completely
constructive interference），此時，兩個波
在相同的地方產生波峰或波谷，稱為同相疊
加。（如下圖）

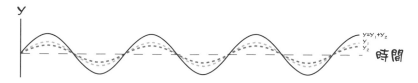

▲兩波同相疊加時，振幅正好為兩波振幅之和。

如果合成波的振幅比任一個波的振幅小，就稱為破壞性干涉（destructive interference）。若合成波的振幅正好為零，則稱為完全破壞性干涉（completely destructive interference），此時，一個波的波峰恰好落在另一波的波谷上，稱這兩個波為**反相**疊加。（如下圖）

▲振幅相同的兩波反相疊加時，合成波的振幅為零，稱為「破壞性干涉」。

在日常生活中，因為光的波長很短，因此很不容易觀察到光的干涉現象，只有在實驗室，才能以雷射光照射雙狹縫而得到亮暗條紋。

日常生活中，因為光的波長很短，因此很不容易觀察到光的干涉現象。請問水波和聲波是否也有干涉現象？如何知道水波或聲波是否出現干涉現象呢？

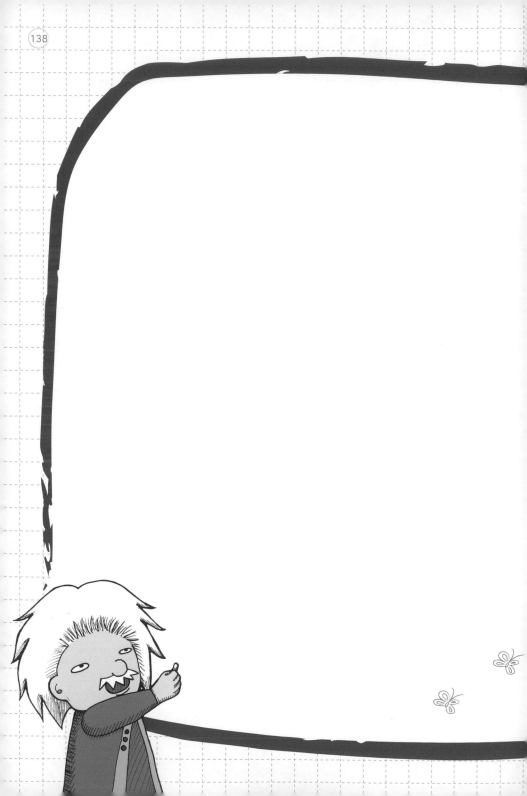

民國〇〇年〇〇月〇〇日

值日生：艾音絲毯

魔幻聲光乃

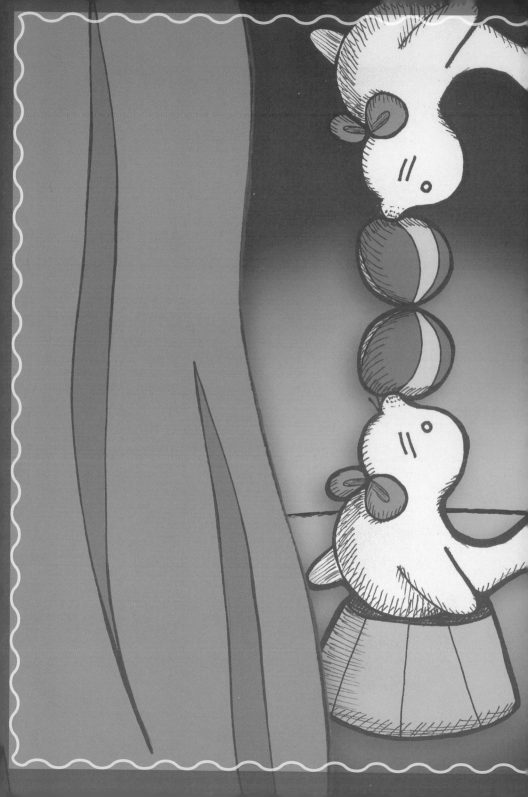

生活實鏡秀

為什麼我們會覺得熱呢？

近幾年夏天，全臺氣溫分布圖常因為高溫而呈現一片紅，讓臺灣看起來活像「烤地瓜」，熱到柏油路都快融化，讓人晒到暈頭轉向。這些熱能到底是怎麼傳到我們身上的呢？

讓我們先了解熱的傳播方式有：**熱傳導**、**熱對流**和**熱輻射**三種。

❋ 熱傳導——高溫流向低溫

熱傳導必須靠物質作為媒介，才能把熱從高溫處傳遞到低溫處，是固體物質傳播熱的主要方式。

熱傳導的快慢和物質特性有關，例如銅、鐵屬於容易傳導熱的物質，就是熱的良導體；像木頭、玻璃纖維很難傳熱，就屬於熱的絕緣體。

所以，一般而言，金屬的導熱能力遠比非金屬為佳。金屬內有許多自由移動的電子，這些電子受熱時，移動速度變得很快，藉由和原子或分子間的碰撞，將能量傳到其他地方。因為電子的傳熱速度，比直接透過原子或分子快得多。由此可知，金屬的熱傳導能力，遠遠優於非金屬物質。

所以冬天時，公車候車亭中的鐵椅比木椅感覺冷得多，並不是因為兩者的溫度有差異，而是因為

鐵椅傳熱的速度較快，而人體溫度較高，高溫流向低溫的速度就比較快。

有些房子在屋頂加蓋閣樓，閣樓裡的空氣能使熱不易傳入也不易傳出，因此閣樓下的房子可以保持冬暖夏涼。

唉？右半身怎麼涼颼颼的？

金屬

木頭

❋ 熱對流——冷熱流體的傳遞

流體（液體或氣體）受熱時，受熱的部分溫度

會升高，體積會膨脹，密度隨之變小，受熱流體因而往上升；其他還未受熱的液體或氣體，則會因密度較大而下沉。

例如煮開水時，雖然只在壺底加熱，但很快整壺水都會變熱，就是對流的作用。冷氣機通常裝在室內較高的地方，而壁爐則裝設在較低的地方，也是考量到室內空氣對流的關係。

不知死活的青蛙

啊！真舒服。

熱水

冷水

生活實鏡秀

我們常聽到：「在濱海地區，白天吹海風，晚上吹陸風」。這是因為濱海地區白天受到太陽照射，海水的比熱大於沙子，海水升溫較慢，陸地溫度高於海水，使地面的熱空氣上升，所以風比較容易從海面吹向陸地，形成海風；夜晚時，陸地溫度低於海水，海面上的空氣溫度較高而上升，因此風容易從陸地吹向海洋，形成陸風。

❈ 熱輻射——電磁波向外散發熱能

熱輻射是電磁波的一種，不需要仰賴介質傳播，僅以電磁輻射向外發送熱能，而且傳播速度就是光速。

任何物體的表面都會連續不斷輻射出熱能，也同時吸收周遭環境中其他物體傳來的熱輻射能量。如果物體表面輻射出的熱較吸收的熱多，物體的溫

生活物理 SHOW！

度會降低；相反的話就升高。

　　物體表面在每單位時間內所輻射出的熱，與其表面溫度和面積有關：溫度愈高、表面積愈大，則所輻射出的熱就愈大。

　　物體表面的熱輻射強度，也與溫度及其特性有關，例如表面是黑色的物體容易吸收也容易發出熱輻射；表面是白色的物體不容易吸收，也不容易發

輻射

輻射

輻射

出熱輻射。我們的身體也會吸收輻射熱，因此在這種「烤地瓜」的夏天，走在大太陽下，不妨選擇白色系的服飾，比較不容易吸收太陽的輻射熱。

冰和水是手足，具有同樣的分子，只不過狀態不同，冰是固態，水是液態。水的**比熱**為 1 cal/g℃，比一般物質大，因為水的比熱大，所以具有調節氣候與體溫的功能，且常用來當冷卻劑。冰的比熱就比水小。

所謂「比熱」是指：每一克物質上升 1℃ 所需吸收的熱量，稱為該物質的比熱。即使質量相同，要升高相同溫度，所需的熱量也不相同，所以不同的物質有不同的比熱。

在一定的壓力下，固態變成液態時的溫

度稱為「**熔點**」；質量 1 公克的物質熔化時所需吸收的熱量稱為「**熔化熱**」。例如：1 大氣壓下，冰的熔點為 0℃、熔化熱約為 80 cal/g。

在一定的壓力下，液態變為氣態時的溫度稱為「**沸點**」，質量 1 公克的物質汽化時所需吸收的熱量稱為「**汽化熱**」，在 1 大氣壓下，水的沸點約為 100℃，水的汽化熱約為 540 cal/g。

日常生活中，你遇過哪些狀況是屬於熱輻射、熱對流或熱傳導現象？

令人又愛又怕的微波爐

　　微波爐在現代家庭或商店中，已經扮演不可或缺的角色，但是水能載舟，也能覆舟，我們必須了解微波爐的原理，正確地使用微波爐，才能享受高科技帶來的便利。

　　國內升大學學測試題曾出現一題有關使用微波爐加熱食物的題目：何者最適合用微波爐來加熱？選項包含：「鋁罐裝的運動飲料」、「紙盒內乾燥的香菇」、「不銹鋼內的茶水」、「紙杯內的咖啡飲料」、「塑膠盒內的乾燥麵粉」。如果是你，你會選哪一項呢？

微波爐如何加熱食物？

　　微波是電磁波的一種，只要物體的溫度大於絕對零度（-273℃），就會發出電磁波，所以電磁波無所不在。微波波長介於萬分之一至 0.3 公尺，不需要依靠介質傳遞。微波爐，顧名思義，就是利用微波來加熱食物，國際上規定家用微波爐的微波波長約為 12 公分，頻率大約為 2,500 倍的百萬**赫茲**。

　　微波屬於電磁波，電磁波的能量與其頻率及波長有關，確切地說，電磁波的能量與其頻率成正比，與波長成反比。微波的頻率雖然不算高，但很容易穿透絕緣物體，穿透食物。當微波遇到含水分的食物時，水分子因為一端帶正**電荷**，另一端帶負電荷，微波就會以某種頻率周期性地振盪反轉水分子，形成分子共振，振盪反轉中的分子與分子互相摩擦而

產生熱量，從而對食物加熱。

　　微波經由微波爐金屬器壁不停來回反射，微波功率從 600 瓦特到 2,000 瓦特不等，所以水分子在微波中的電磁場作用下，每秒可振盪大約 25 億次，這種周期性振盪在食物的內外部分同時發生，因此微波爐能夠在很短的時間內加熱或煮熟食物。

　　所以乾燥的香菇和麵粉無法用微波爐加熱。

　　除了乾燥食物不適合微波加熱外，帶殼的蛋也不適合。若帶殼的蛋直接微波加熱，因蛋殼是密閉物體，加熱會遽增蛋內的氣壓，蛋可能因此爆裂。其他如密封式的餐盒、未拆封的食品等，都不宜放入微波爐加熱，以免發生意外。

生活物理 SHOW！

微波爐加熱無限制？

　　那麼，任何容器都可以放到微波爐加熱嗎？當然不是。

　　當微波遇到金屬容器（如鐵、鋁、不銹鋼等）時，會被金屬阻絕並反射，使食物中的水分子無法

吸收微波的能量，還會發出刺耳的滋滋聲。金屬邊緣也可能因蓄積過多電荷而產生電場，使周圍空氣游離而導電，或者接觸到其他金屬時，容易產生火花而毀了微波爐，甚至會造成火災。即使微波遇到金屬薄層，但微波會在表面產生電流，也可能過熱而起火，所以，若把鋁箔包裝食物放進微波爐加熱，不僅可能需要數倍的能量才能加熱完成，鋁箔表面還可能產生火花。

雖然微波無法穿過金屬，卻可以穿透玻璃、陶瓷、塑膠而不被吸收。由於含水的食物會吸收微波能量而發熱，所以容器需要耐高溫，不會分泌毒素，陶瓷器及耐熱玻璃應是較適合的微波材質。

聰明的你猜到答案了嗎？答案是：「紙杯內的咖啡飲料」。

生活物理SHOW！

　　1865 年，科學家馬克士威整合電生磁、磁生電關係式及**庫侖**的靜電、靜磁定律等理論，歸納成一組方程式，成為一套完整的電磁場理論，並預測電磁波的存在，開啟電磁波傳遞訊號的時代。

　　馬克士威推論出，當磁場隨時間變動時會產生電場；當電場隨時間變動時會產生磁場，如此交互感應在空間中作規則性的變化，形成電磁波，由波源向外發射傳播，電磁波的傳播方向、電場方向及磁場方向，三者相互垂直。（如下圖）

　　電磁波的頻率範圍大，頻率由低而高可分為無線電波、微波、紅外線、可見光、紫

外線、x 射線、γ 射線。頻率愈高，波長就愈短，能量就愈高。電磁波可在真空中傳播，不需依靠介質，其速率就是光速（3×10^8 m/s）。

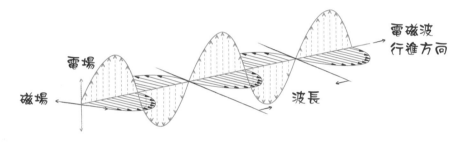

使用微波爐加熱食物，使用什麼材質的容器才安全？使用鋼杯裝雞湯放入微波爐，適宜嗎？請說明理由。

狗狗甩水是洗衣機始祖？

家裡養狗的人，是否注意到，每次幫狗狗洗完澡，狗狗都會從頭甩到尾巴，把身上的水甩得乾乾淨淨？這可是狗狗求生的本能，不是狗狗太頑皮哦。

有一份研究報告指出：狗狗或其他動物，把身上的水甩乾的方法非常精準有效，而且令人想不到的是，可以利用狗狗甩水的原理，設計出更精良的洗衣機，或者應用在其他用途。

搖頭擺尾甩出向心力

依據這項研究的分析，哺乳類動物的甩水動作都從頭部開始，形成的波動是以頭部為基準點，而

擴散到身體其他部位。而且頭部扭動幅度愈大，波的振幅就愈大。體型較小的哺乳動物，甩動的半徑較小，甩動身體的速度必須比體型大的動物來得快，才能把水甩乾淨，其加速度最大可達 20 公尺 / 秒^2。

這不禁讓人聯想到遊樂場中的旋轉木馬。玩過旋轉木馬的人都知道，如果我們選擇比較靠近中心的位置，那麼在旋轉的過程中不會有什麼感覺；如果選擇較靠近外圈的位置，在旋轉的過程中就會感覺要往外飛，這種現象與物理學的向心力有關。

　　同樣的道理也應用在洗衣機的運作上。當洗衣機脫水時，經由內筒高速旋轉，衣物也跟著轉動，附著在衣物上的水珠也跟著轉動。衣物作圓周運動時需要向心力，但因為依附在衣物上的水珠的附著力不足以提供其需要的向心力，因而水珠會沿著轉動方向的切線飛出，最後洗衣機完成脫水任務。

脫水與圓周運動

　　向心力和等速圓周運動向來形影不離。物理學對於運動的定義有其嚴謹性，若物體沿著圓周轉動時維持固定速率，稱之為「等速圓周運動」。速率維持不變的圓周運動是一種常被舉例的週期性運動，不僅出現在自然現象中，在現代生活裡，也常見到各式各樣的等速圓周運動。例如旋轉木馬、摩天輪，

或者夏天常使用的穩定運轉的電風扇葉片，還有環繞地球公轉的人造衛星等，都屬於等速圓周運動的例子。

等速圓周運動需要外力提供作為向心力，否則就容易發生危險。向心力並不是一種新的作用力，向心力可以是單獨的力，例如繩子的張力（拉力）或是地球的吸引力（重力）。向心力也可以

人造衛星

運行軌道

▲人造衛星被火箭推上太空時，因地球引力的影響，衛星環繞地球運轉所需的向心力來自地球引力，並因向心力作用而維持圓周運動。

生活物理 SHOW!

是多個作用力所產生的合力，例如汽車在水平路面轉彎時，可以用摩擦力作為向心力，但萬一汽車轉彎時太快，摩擦力不足以提供汽車轉彎所需的向心力，很容易摔車。另一方面，下雨天時，路面溼滑，路面與車子輪胎的接觸面摩擦力降低，當車速過快，摩擦力不足以提供汽車轉彎所需的向心力時，很容易發生交通事故。為避免發生悲劇，工程單位會將公路轉彎處築成外側較高的斜面，讓路面對車作用的正向力的水平分力來彌補向心力的不足，汽車行經此彎道最好減速慢行，才不會造成向外滑的危險。

　　圓周運動時所需的向心力與哪些因素有關呢？向心力與運動中的物體的質量、速率有關，也受到轉彎時的圓周曲率半徑影響。換句話說，質量和速率愈大，圓周半徑愈小，想要安全轉彎的物體所需

要的向心力就愈大。

　　如果沒把握外力足以提供作為向心力，那麼還是乖乖地降低速率吧！否則就容易像被狗狗甩出去的水珠，被甩到軌道外。

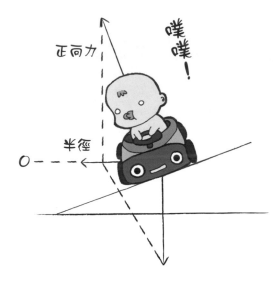

▲為確保行車安全，馬路轉彎處設計成傾斜路面，以提供車子作圓周運動時所需的向心力，此時其向心力的一部分由傾斜路面對車子的正向力提供。

圓周運動向心力在田徑場上運用的例子很多。例如 200 公尺或 400 公尺個人項目的比賽，選手需要有足夠的外力提供轉彎時的向心力，否則險象壞生，不敢跑太快。又如鏈球選手投擲鏈球前，先以旋轉方式加快鏈球的速率。當選手釋放鏈球时，提供鏈球的向心力消失，鏈球沿著圓周的切線方向飛出去，之後就受到重力作用而作**拋體**運動。

騎腳踏車需要轉彎時，你會注意到什麼事情？有沒有體驗？

生活實鏡秀

一綹青絲拉動一輛車？

「成語」是指一個民族語文依其文化的長短深淺留下的慣用語句，可能是古人之言，或言簡意賅或深入淺出，或形象鮮明或音調響亮，當然也可能是結構勻稱，富有典故，歷千百年而不衰，因而成為慣用語。

余光中教授說：「在折舊率愈來愈高的時代，最貴的東西是古董，最流行的話卻是成語。」成語，除了是古人留下來的生活智慧和文化結晶外，還透露先人也具有物理概念呢。

咦？成語和物理學有關係？也許讀者感到疑惑，我們不妨以「髮」為主題，討論「髮力」。

　　一般而言，我們的頭髮直徑大約是 30 到 50 **微米**，也就是 3 萬到 5 萬**奈米**。這麼細的頭髮能發揮什麼作用呢？

　　「夫以一縷之任，繫千鈞之重，上懸無極之高，下垂不測之淵，雖甚愚人猶知哀期將絕也。」、「髮引千鈞，勢至等也。」是成語「千鈞一髮」的出處，前者出自《漢書·枚乘傳》，後者出自《列子·仲尼》。「千鈞一髮」最初的意思是指：以一根頭髮拉著 3 萬斤的重量，後來引申為比喻「事態萬分緊急」。

　　媒體也曾報導國外有人以自己的頭髮拉動一輛轎車，那畫面真是夠驚險。

一根頭髮能支撐多重的東西？

「一髮引千鈞」究竟是誇飾，還是真有其事？

物理學家曾研究過，一般青少年的頭髮直徑約在 40 到 60 微米之間，也就是 0.04 到 0.06 **毫米**之間，依照唐代當時的測量單位，一斤約 600 克，而一「鈞」約等於 30 斤，相當於 18 公斤。如果取頭髮直徑為 0.06 毫米，再以數學的圓形面積公式圓周率乘上半徑的平方（πR^2），以及壓力強度的定義為作用力除以接觸面積（P=F/A），接著換算單位時，一公斤重的力相當於 9.8 **牛頓**，可以算出一根頭髮的截面積支撐一千鈞時所承受的拉力強度（相當於壓力強度）大約為 10^{12}「**帕斯卡**」（這個數字是以科學的數量級估算）。帕斯卡是國際通用的壓力強度單位，一帕斯卡等於每平方公尺的面積均勻承受一

生活物理SHOW！

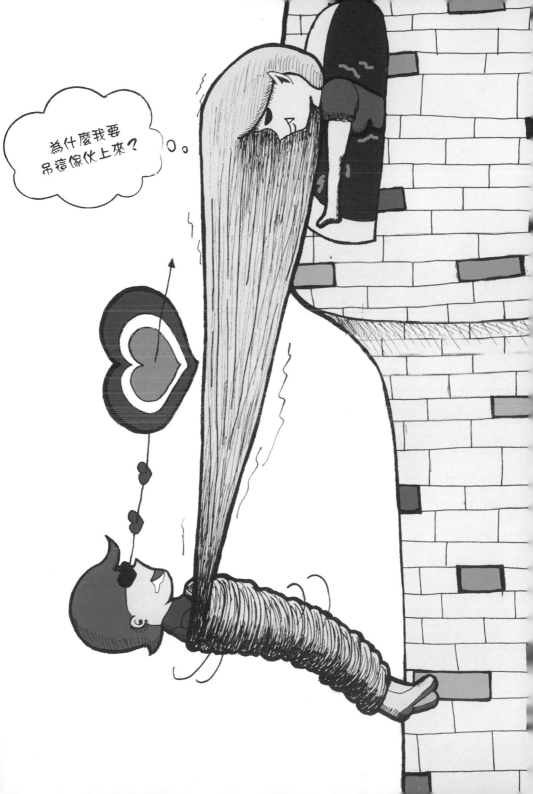

牛頓的垂直作用力。

　　根據物理學家的推算結果，要把 0.06 毫米的頭髮拉斷，大約需要 1 牛頓的力。換算後，人類頭髮可承受的壓力強度大約為 400 百萬帕斯卡。如果是一大束頭髮團結在一起，確實可以說「髮力強大」，可以支撐很大的重量或作用力。

　　「一髮引千鈞」所受的拉力，是頭髮強度極限的十多萬倍，因此「一髮引千鈞」雖然是比較誇張的說法，但卻說明頭髮的強韌度不容小覷。

　　假設用的是以頭髮編織成的髮繩，那就另當別論了。先秦的墨家學者曾做過實驗，發現以髮辮懸物時，被拉緊的頭髮會先斷，因為承受大部分的重量。所以墨家認為，只要重物的重量能夠均勻分配到每一根頭髮上，髮辮就不易斷裂。就像一根棉線

很容易斷,但編成的綿繩就堅固許多,因為重量和受力被分散掉。所以,成千上萬的頭髮編成的髮繩,比一根頭髮強韌多了!這是團結力量大的真諦。

一牛頓的力與一公斤重的力比較,哪一個比較大?

答案是:一公斤重的力比較大,一公斤重的力大約為 9.8 牛頓。

當讀者或學生突然接到這個問題時,還是會遲疑一會,甚至會受到「牛」、「噸」這兩個字眼的影響,於是就回答「一牛頓比較大」,因為可能想到「牛很大隻」、「噸也很大」雙重強化的關係,而一時忽略「牛頓」二字是翻譯名詞。「牛頓」是物理學上

「力」的單位。

　　當一條細線鉛直懸掛一個物體，能安全支撐物體的重量而不會斷掉，此時這條細線承受的力量就是此物體的重量，細線承受的力量為「**張力**」。

　　該如何知道一根頭髮能承受最大的力量為多少？

 # 天打雷劈遭天譴？

臺灣炎炎夏日的午後最容易有雷陣雨，雷雨通常伴隨著令人驚恐的閃電及隆隆雷鳴。在中國古老的社會中，認為這是雷公對世間惡人的天譴，具有懲惡揚善的社會功能。不過，現代人已經知道雷電是大自然的物理現象，你知道這是怎麼產生的嗎？

強力放電現象

雷雨好發於對流旺盛的春夏之交，依據大氣物理學的概念，當氣流極端不穩定的時候，溼熱的空氣會引起強烈上升氣流，把溫暖潮溼的空氣送到半空中，水氣遇冷凝結成雷雨雲。在洶湧的雷雨雲氣

流中，水滴或冰粒的摩擦和分解會產生靜電，正電荷在雲的上層，負電荷則在下層。由於靜電作用，正、負電荷中和時形成的**電位差**大到可以衝破絕緣的空氣時，就產生閃電。閃電是一種放電現象，閃電通過時會釋放很高的能量，讓周圍的空氣急劇膨脹，造成巨大衝擊，形成聲波向四周擴散，伴隨閃電發出隆隆聲響，就是打雷。

閃電發生的瞬間，在窄狹的閃電通道中通過的電壓或電位差有幾千伏特，甚至高達一萬伏特，所以有些建築物被雷劈中，頂端會毀壞或倒塌，樹木被劈中

會瞬間燒焦折斷，人與動物被劈中可能灼傷或死亡，造成難以想像的災害。

 避開雷吻的訣竅

根據統計，我們人最容易遭雷擊的地方以空曠地區最多。雷雨過境時，雲和地面之間形成強大電場，所以地面的凸出物成為超級放電機，一旦人站在高處（例如山上的涼亭或樹下）或空曠處（例如廣場或田地），都是容易被電擊中的目標，千萬別在這些地方等雷公親吻。

建築物的防雷方式，就是在屋頂上裝置避雷針，將雷電的電荷引導至地表，以避免或減輕雷擊造成的損害。古代人把屋瓦做成魚尾形狀，除了裝飾，還兼具防止雷電的功能，可說是現代避雷針的雛形。

　　至於第一具現代避雷針，是由富蘭克林所發明。避雷針的原理是藉由「針」的特性，以尖端高密度的電荷把雷電吸引到針體本身上，再藉由銅導線把引來的電荷引導到地底下，銅導線在地底接有一塊銅片電極，透過這塊銅片，就能將電流導入地下，在一定的範圍內保護地面建築物。

避雷針

接地

飛機的護身符——靜電刷

飛機會不會遭雷擊？這是機率問題。飛機在天空翱翔，難免與空氣摩擦而帶靜電荷，電荷會均勻分布在金屬機身的表面，為了防止飛機身上累積過多靜電荷，而吸引雷公的注意，所以要藉由釋放過多靜電荷來避開雷擊。現在的飛機在機翼尖端或機身尾部，都會裝上「靜電刷」，也就是靜電釋放器，在飛行過程中將累積在飛機身上的靜電荷釋放到空氣中，防止飛機遭受雷擊，是飛機避免遭受傷害的法寶和護身符。

▲裝置在機翼尾端的細長物體，即為靜電刷，靜電刷可集中並釋放電荷，減少雷擊傷害。

大學入學考試曾出過一道題目：富蘭克林為研究雷電現象，設計了如圖所示的裝置。他將避雷針線路與接地線分開，並在分開處裝上帽形的金屬鐘 A 與 B，兩鐘之間另以絲線懸吊一個金屬小球 C，A 鐘下方另以導線連接兩個很輕的金屬小球，形成驗電器 D。當避雷針上空附近的雲不帶電時，三個小球均靜止下垂。依據以上所述，並假設驗電器周圍的空氣不導電，請問：

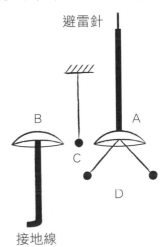

一、當低空帶電的雲接近避雷針頂端時，小球 C 會如何運

動？

說明：小球 C 會在 A 與 B 間擺動，來回撞擊 A 與 B。由於靜電感應，避雷針會與雷雨雲帶異性電，下方之 A 鐘則帶同性電；而 B 鐘則感應與雷雨雲帶異性電，因此 A 鐘與 B 鐘之電性相反。小球 C 先受到其中之一吸引，接觸後因具同性電而互相排斥，並受另一個的吸引，接觸後再被排斥，如此反覆循環。

二、驗電器 D 的兩個小球原本靜止下垂，互相接觸。當避雷針因為帶有負電的雲接近而出現尖端放電時，驗電器上兩個小球會如何？

說明：兩個小球會帶負電而分離，並保持張開，不相接觸。因為帶有負電的雲接近時，兩小球因靜電感應而帶負電，彼此互相排斥而分開。

生活實鏡秀

　　2005 年為「愛因斯坦年」，在臺北舉行的科學博覽會記者會中，主辦單位邀請活動代言人林志玲小姐站在塑膠凳子上，以手指接觸高達上萬伏特高電壓的金屬球時，只見她頭髮直豎，人卻安然無恙。你是否能以物理概念解釋這個現象？

水往高處流？

水往高處流？怎麼可能？在課堂上，老師都告訴我們：「水往低處流是宇宙不變的定律。」

不過，義峰高中校園內有一道由 20 公分漸增到 175 公分高的潺潺溝流，水流竟往高處流，這是創辦人張天來先生的巧思設計，連物理老師都被這看似違逆自然定律的現象給打敗；不少來賓和師生來回慢踱數十回，遠觀近看都是往高處流，仍百思不得其解。

「難道是地下裝了抽水馬達？」

這道特殊水牆成了大家腦力激盪的難題。

生活實鏡秀

✳ 視覺錯覺

謎底揭曉！水往低處流是自然現象的不變原則，該牆的水始終平流，會看成「水往高處流」，完全是視覺錯覺所造成。因為該校操場一萬多坪，難以窺探出地勢緩升，張天來先生以此地勢建構高水牆，形塑出水往高處流的假象，騙倒所有人。

有一年，我到花東公路的一處景點——「水往上流」。車子緩緩爬坡，經過路旁一條小水溝，眼前呈現的「視覺效果」是「小水溝內的水是由低處向高處流動。」

為什麼不是從高處沿著溝渠向下流？

「反其道而行」的真相是：觀察者的位置與路面仰角、水溝所在位置的斜坡的關係，也就是這是遊客的視覺錯覺。

 蘇東坡的感觸

　　蘇東坡有一首詩〈題西林壁〉便形容了這種錯覺：「橫看成嶺側成峰，遠近高低各不同。不是廬山真面目，只緣身在此山中。」此時真是「當局者迷，旁觀者清」啊！怎麼說呢？請參考下圖。

　　從水平面看，我們正行駛在水溝旁的花東公路，而此公路其實正是一個緩緩斜向上的坡道，路面為

仰角或傾斜角 θ_1 大於零的坡段。若在此坡段路面上觀看水溝，水溝相對於此路面亦是為一緩慢向上的斜坡面，也有一仰角 θ_2，這兩個仰角不相同，θ_1 大於 θ_2，結論是：小水溝兩端高度差對於地平面而言是左高右低，但對於此路段花東公路的路面而言仍是右邊高左邊低，其實水還是由高處往低處流。

一言以蔽之，當我們站在這一段斜向上的花東路面時，只緣身在此路中，不易察覺路面是具有斜向上坡度的斜面，才會自以為是「在水平面上」，因而產生錯覺，以為小水溝左低右高，水由由低處流向高處。

你說這豈不是「不識廬山真面目，只緣身在此山中」嗎？

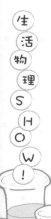

生活物理SHOW！

物理的運動學告訴我們，觀察者的位置或運動狀況會影響觀察者本身觀察外在物體運動的狀況，這與選定的「座標」有關。深入一點說明，就是觀察者本身若在運動中，或者具有加速度，那麼觀察其他物體的運動時，可能會產生「錯覺」，這涉及物理學的「相對運動」或「慣性座標系或加速座標系」概念。

在僅受重力的作用下，物體很自然會從高處往低處運動，符合「能量守恆律」，或嚴謹來說，是符合「**力學能守恆律**」概念。所謂「力學能守恆律」，就是高處的重力位能轉換成低處的動能；相反的，低處的動能

也可以轉換成高處的重力位能。在運動過程中，動能與重力位能的總和始終保持不變，這就是物理學著名的「力學能守恆律」概念。

日常生活中，有什麼現象是屬於運動中的錯覺？為何會造成這種錯覺？

壓力／浮力知多少？

在我們的生活當中，液體是最容易見到的流體，尤以「水」為最，沒有水，我們可活不下去。然而「水能載舟，亦能覆舟」，了解水的特性而善用水，才能與水為友。老子也說：「上善若水。水善利萬物而不爭，處眾人之所惡，故幾於道。」說明水沒有固定的形狀，可以裝在任何容器中，這是水善於適應環境的特性，也是哲學的觀點。

看起來微不足道的水，卻可以提供我們相當多元的科學題材，其中包含密度、壓力、浮力等。

為什麼家家戶戶有自來水？

什麼是「**壓力**」？依據物理學的定義，物體表面上每單位面積所受的總力稱為壓力或壓力強度。

靜止液體的壓力僅和所在的深度有關，只要離液面的深度相同，同一深度各點所受的壓力皆相等。由此可推展出**連通管原理**。

所謂連通管原理，是指連通管內各個容器無論形狀、粗細為何，液體靜止後，各容器的液面必同一水平。而連通管底部同一水平面的各點所受的壓力相等，液柱高度也相等。

生活中應用連通管原理的例子隨手可得，例如城市自來水的供應系統就是應用連通管的原理，將儲水池設在高處，利用液體壓力將水送往各用戶。

▲自來水供應系統利用連通管原理，將儲水池設在高處，利用液
　體壓力將水送往各用戶。若房子太高而水壓不足，為了增強水
　壓，也常見須將水先抽到屋頂水塔再接各樓層。若是有高度較
　低的管子，該管的液面高度會升至最高；若有出口便會噴出水
　柱，水柱高度可達到與其他容器內相同的液面高度。

生活實鏡秀

　　由液體的壓力原理進一步來看，一大氣壓約可以支持 76 公分高的水銀柱，約為 $1033.6gw/cm^2$。如果把一大氣壓換成水的壓力，大約是 10 公尺深的水壓。所以在海面下 5,000 公尺深的潛艇，承受的海水壓力大約接近 500 大氣壓，那可是超級大壓力喔！我們是無法在這種環境中生存的。試想一下，當體外的壓力大於體內的壓力，內臟會受不了而變形，所以在海中超過一定深度後，人體就會被壓成像爛番茄了。

✳ 浮力能判斷是否為純金打造？

　　「浮力」也是由壓力推衍而得，金屬製的輪船能浮在海面上，我們能在游泳池游泳，都是拜水的浮力所賜。

　　所謂「浮力」，是指沉入液體中的物體會受到一向上的力，而物體在液體中所受的浮力就是來自於液體的壓力差。不過，「物體在液體中所受的浮力，等於其所排開的液體重量」這句話應該最教人耳熟能詳，這正是所謂的「浮力原理」，這是二千多年前由阿基米德提出，所以我們也稱之為「阿基米德原理」，這個原理是靜力平衡的一環，可應用在純金的判斷、潛艇的浮沉等。

生活實鏡秀

✳ 冰山一角

　　電影《鐵達尼號》中，郵輪以鋼鐵打造，卻能浮在海面上；而潛水艇卻又可以潛入水中也能浮上來，是什麼原因呢？成語「冰山一角」又是怎麼來的呢？

　　我們知道，物體在液體中所受的浮力等於其所排開的液體重量。

　　如果以 V 表示物體的體積，D 是物體的密度，ρ 是液體的密度。物體的重量為 $W = VDg$，而物體完全浸入液體時所受的浮力 $B = V\rho g$，便可知道物體將會產生三種情況：

（一）若 $W > B$，即 $D > \rho$，則物體下沉。

（二）若 $W = B$，即 $D = \rho$，則物體可停留在液體中任一處。

生活物理 S H O W !

（三）若 W ＜ B，即 D ＜ ρ，則物體會浮在液體上。

由此可知，輪船雖以鋼鐵打造，但船的內部空間甚大，使輪船整體的平均密度比水的密度小，因此得以浮在水面上。而潛水艇是利用其外部水艙的進水或排水，增減水艙的重量，以調整整體的平均密度，因此得以下潛、上浮或停留在水中。

如果把物體放入液體，而物體浮在液面上，我們稱之為浮體，由物體靜力平衡的觀點來看，浮體的重量和其所受的浮力相等。

以冰山為例，冰的密度為 0.920g/cm^3，海水的密度為 1.025g/cm^3，依據浮力原理計算，可算出沉沒在海面下的冰山體積大約是冰山總體積的 90％，其他部分則浮在海面上。「冰山一角」就是這個道理。

生活實鏡秀

　　若物體的體積為 V，空氣的密度為 ρ，物體所受的空氣浮力為 B，則物體在空氣中所受的浮力等於和物體同體積的空氣重量。記成：B ＝ Vρg。在 0℃，一大氣壓下的空氣密度 ρ 約為 1.29 kg/m^3。

　　所以，浮力和壓力的概念也廣泛應用在天燈與熱氣球上的設計。

　　由於空氣作用於物體表面的壓力有差異，所以物體在空氣中也會受到浮力的作用。

　　欲使氣球浮在空中，氣球內的氣體密度必須小於球外的空氣密度。空氣受熱後，體積膨脹，密度變小，藉由氣球內外空氣的密

生活物理 SHOW！

度差異所造成的浮力而使氣球飄浮在空中。一般都利用液化石油氣燃燒器加熱氣球內的空氣，將此熱空氣持續送入氣球內，氣球便得以浮升，因此稱之為熱氣球。

在平溪等地，每年的元宵節都舉行象徵祈福的「放天燈」民俗活動，在燈籠內點燃引火物，產生熱空氣，燈籠便冉冉升空，製作原理與熱氣球相同。

一塊木塊靜止浮在水面上，如何知道該木塊受到水的浮力為多少？

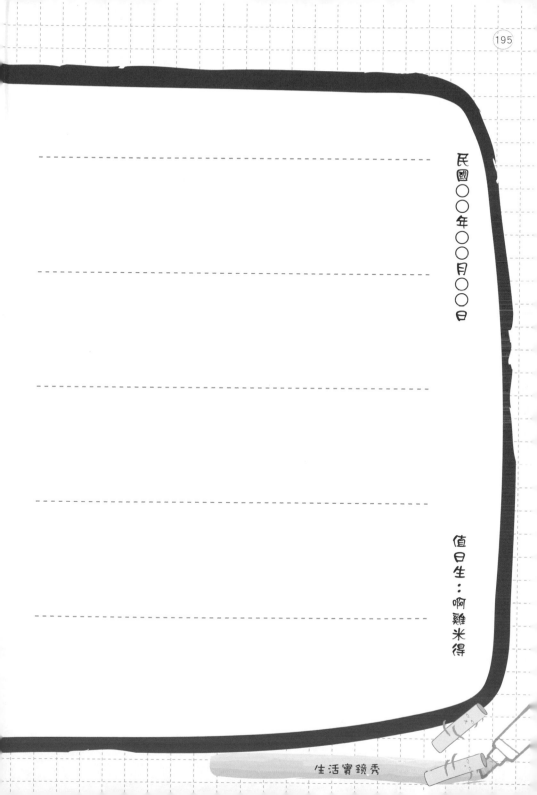

民國〇〇年〇〇月〇〇日

值日生：啊雞米得

★**白努利定理**：1738 年，白努利由能量守恆或力學能守恆觀念中
導出，簡單地説，就是流速快的地方，壓力小；流速慢的地方，
壓力大。

★**動量**：質量與速度的乘積，並具有方向性。若物體的動量變化
大，表示所受的力也很大。

★**牛頓第三運動定律**：當兩個物體互相作用時，彼此施加於對方
的力，其量值相等、方向相反。兩道力其中一道力稱為「作用
力」；而另一道力則稱為「反作用力」。

★**作功**：移動的位移 x 和施力 F 的乘積，並且位移跟力量的方向
一樣，就是「作功」，簡寫為 $W=FX$

★**動能**：物體運動時具有的能量，同一物體的運動速率愈快，動
能愈大。如：操場上的跑者、奔馳的火車、流動的水，以及正
在落下的球，都具有動能。

★**位能**：指物體由低處移至高處或受力產生形變，即具有位能。
如：伸長的橡皮筋，被拉緊的弓弦，都具有位能。位能與動能
常可互為轉換，例如弓弦被拉緊時具有位能，一放開手，即轉
換成箭的動能。

★**重力加速度**：所謂「加速度」是一個向量，即速度向量對於時
間的變化率，表示一段時間內物體速度變化的方向和量值。而
「重力加速度」就是一個物體受重力時所具有的加速度。

★**牛頓第二運動定律**：$F = ma$，即物體的加速度與物體所受的力成正比，和物體的質量成反比。物體加速度的方向與合力方向相同。

★**形狀阻力**：指因物體形狀而產生的阻力。形狀阻力和速率的平方呈正比，因此在高速移動中格外重要，例如飛機前端設計成流線形，以減少形狀阻力。

★**表層摩擦阻力**：兩物體表面有相對位移運動時，物體表面之間的交互作用力。

★**黏滯力**：當流體內部的流速不一致時，因為流體分子間具有作用力，最後會讓速度趨於一致，稱為流體的「黏滯力」。

★**馬格納斯效應**：棒球或高爾夫球在空氣中飛行時，邊旋轉邊前進的球在其運動方向，曾受到與運動方向垂直的作用力，稱為「馬格納斯效應」。

★**彈性碰撞**：兩物體碰撞後的總動能，等於碰撞前的總動能，即總動能守恆。

★**非彈性碰撞**：兩物體碰撞後的總動能，無法回復碰撞前的總動能，即損失部分的總動能。

★**阻力**：又稱後曳力、空氣阻力或流體阻力。物體在流體中運動時，所產生與運動方向相反的力。阻力的方向和流速方向相反，

並隨速度而改變。

★**圓周運動**：是指在一個圓圈上轉圈，並形成一個圓形路徑或軌跡。例如汽車在車道轉彎、衛星繞著地球轉等皆為圓周運動。

★**向心力**：當物體沿著圓周或者曲線軌道運動時，指向圓心的作用力。「向心力」可以由彈力、重力、摩擦力等任何一力而產生，也可以由幾個力的合力或其分力提供。

★**摩擦力**：指兩個表面接觸的物體作相對運動時互相施加的力。例如走路就需要摩擦力才能前進。

★**力矩**：一種施加於物體，使物體繞著轉動軸或支點轉動的物理量，稱為力矩。力矩可改變旋轉運動，例如轉動扳手箝緊螺栓。

★**正向力**：指垂直於物體接觸面的力，常標記為 N。若物體放在水平面上，其正向力與重量量值會相同，但方向相反，合力為零，如此物體能靜止放置於平面上而不會陷下去。

★**角動量**：如同動量對應於移動，角動量是對應於轉動的一種物理量。對於繞定點轉動的物體而言，角動量＝轉動半徑 X 質量 X 速度。

★**聲波**：聲波是一種力學波，由物體（聲源）振動產生，是聲音的傳播形式。聲波的能量要靠介質才能傳遞出去。

★**介質**：可以傳遞能量的物質。

★**頻率**：單位時間內重複的次數。以波而言，是指每秒通過某一點的波數，若頻率愈高，表示聲音愈高亢；頻率愈低，表示聲音愈低沉。

★**駐波**：為一種波動現象，表示波傳遞的能量受限於固定區域內。

★**反射**：當波（水波、聲波、光波等）投射到兩種不同介質的交界面時，部分光線會射回原介質中，稱為「反射」。入射光、反射光和法線在同一面上，且入射光、反射光在法線的兩側；入射角等於反射角。聲波也有同樣的現象。

★**折射**：當波（水波、聲波、光波等）從一種介質進入另一種介質時，因介質不同，光線的行進速率便不同，所以不會沿著原來的方向直線前進，反而發生偏離。聲波也有同樣的現象。

★**繞射**：當波（水波、聲波、光波等）在穿過狹縫、小孔或圓盤之類的障礙物時，或穿過折射率不均勻的介質時，會發生不同程度的繞彎傳播，稱為繞射。

★**全反射**：當光由高密度介質進入低密度介質時，折射光會偏離法線，當偏離角度與法線形成 90 度時，此時入射角稱為臨界角。當入射角大於臨界角時，表示入射光無法穿越介質，形成「全反射」。

★**折射率**：光從一介質進入另一介質時，行進方向發生偏折的現象，稱為折射。折射率表示光的偏折程度，折射率愈大，表示

光在介質中的速度就愈慢。真空的折射率為 1，空氣則接近 1，一般常以光由空氣進入介質時所得的值為基準：折射率＝入射角的正弦值 ÷ 折射角的正弦值，寫成 $n = \dfrac{\sin\theta_{入}}{\sin\theta_{折}}$（$\theta_{入}$：入射角；$\theta_{折}$：折射角）。

★**光纖**：全稱為光導纖維，在玻璃纖維中應用全反射原理傳輸的光傳導工具。

★**干涉**：當兩個以上的波相遇時，其合成的波形會疊加，但不會互相影響，稱為波的干涉。

★**同相**：當兩波相遇時，兩波的波峰和波谷剛好重疊，稱為同相。

★**建設性干涉（加強性干涉）**：當兩波同相發生干涉時，合成波振幅正好是兩波振幅相加，此現象為「建設性干涉」。

★**破壞性干涉（相消性干涉）**：當兩波同相發生干涉時，合成波振幅恰好是兩波振幅相減，此現象為「破壞性干涉」。

★**反相**：當兩波相遇時，其中一波的波峰正好與另一波的波谷到達同一位置，稱為反相。

★**振幅**：波動中距離靜止平衡位置的最大位移。以聲波來說，聲音愈大，表示聲音的振幅愈大。

★**熱傳導**：須以物質為媒介，把熱從高溫傳到低溫，是固體物質傳播熱的主要方式。

生活物理 SHOW！

★**熱對流**：流體（液體或氣體）主要傳播熱的方式。流體受熱時，溫度升高，體積膨脹，密度變小，受熱流體因而上升；反之則下沉。

★**熱輻射**：電磁波的一種，不用仰賴介質傳播，僅以電磁輻射向外發送熱能。

★**比熱**：每一克物質上升 1℃所需吸收的熱量，稱為該物質的比熱。

★**熔點**：在一定壓力下，固態變成液態的溫度。

★**熔化熱**：質量 1 公克的物質熔化時所需吸收的熱量。

★**沸點**：在一定壓力下，液態變成氣態的溫度。

★**汽化熱**：質量 1 公克的物質汽化時所需吸收的熱量。

★**微波**：是指波長介於紅外線和特高頻（UHF）之間的射頻電磁波。波長範圍大約在萬分之 1 至 0.3 公尺之間，不需要介質傳遞。微波廣泛運用於雷達科技、微波爐、無線網路系統（如手機網路、藍芽、衛星電視等）等領域。

★**赫茲**：計算頻率的單位，是指每秒週期性震動次數，符號是「Hz」。1,000 Hz 就是每秒震動 1,000 次。

★**電荷**：帶電體的粒子，分為正電荷及負電荷。異性電荷相吸，同性電荷相斥。電荷可經由感應、摩擦、傳導、輻射、施加能

量⋯⋯等方式產生。

★**電磁場理論**：當磁場隨時間變動時會產生電場；當電場隨時間
變動時會產生磁場，如此交互感應在空間中作規則性的變化，
形成電磁波，由波源向外發射傳播，電磁波的傳播方向、電場
方向及磁場方向，三者相互垂直。

★**拋體**：是指受到外力推進而拋射出去的物體，例如砲彈。

★**微米**：長度單位，符號 μm。1 微米相當於 1 公尺的百萬分之一。

★**奈米**：長度單位，符號 nm。1 奈米為 1 公尺的十億分之一。1,000
奈米等於 1 微米。

★**毫米**：臺灣稱為公釐，符號 mm，為長度單位和降雨量單位。1
公釐相當於 1 公尺的千分之一。

★**牛頓**：物理學中力的單位。使質量 1 公斤的物體產生加速度為
$1m/s^2$ 時，所需要的力相當於 1 牛頓。1 公斤物體在地表受到的
重力約為 9.8 牛頓。

★**帕斯卡**：國際通用的壓力強度單位，符號 Pa。1 帕斯卡等於每
平方公尺面積均勻承受 1 牛頓的垂直作用力。

★**張力**：是由一條拉長而伸展的線或弦對施力者所做的反作用力。

★**電位差**：衡量單位電荷在靜電場中產生的能量差。此概念與水
位高低所造成的「水壓」相似，普遍應用於一般的電現象當中。

生活物理 SHOW！

俗稱「電壓」。

★**電流**：單位時間內通過導線某一截面的電荷量，每秒通過 1 庫侖的電量稱為 1 安培。

★**力學能守恆律**：能量不能被創造，也不會被消滅。力學能包含位能和動能，僅在重力作用下，物體在高處時，位能最大，動能最小，反之亦然。不管處於任何高度，位能和動能互為消長，其總和始終一樣。雲霄飛車在運作時，某一過程大抵是運用力學能守恆的原理。

★**壓力**：物體表面上每單位面積所受的垂直作用力。

★**連通管原理**：連通管內各個容器無論形狀、粗細為何，液體靜止後，各容器的液面必在同一水平。連通管底部同一水平面的各點所受的壓力相等，液柱高度也相等。

★**浮力**：沉入液體中的物體會受到一向上的力，來自於液體不同位置的壓力差。阿基米德指出，浮力是物體在液體中排開的液體重量。

國家圖書館出版品預行編目(CIP)資料

生活物理 SHOW!／簡麗賢著. –初版 . --臺北

　　市：幼獅, 2013.12

　　　面；　公分. --（科普館；2）

ISBN 978-957-574-936-1（平裝）

1.物理學　2.通俗作品

330　　　　　　　　　　　　　102022131

・科普館 002・

生活物理 SHOW!

作　　　者＝簡麗賢
繪　　　者＝馬皓筠
出 版 者＝幼獅文化事業股份有限公司
發 行 人＝李鍾桂
總 經 理＝王華金
總 編 輯＝劉淑華
副總編輯＝林碧琪
主　　　編＝林泊瑜
編　　　輯＝黃淨閔
美術編輯＝馬皓筠
總 公 司＝10045 臺北市重慶南路 1 段 66-1 號 3 樓
電　　　話＝(02)2311-2832
傳　　　真＝(02)2311-5368
郵政劃撥＝00033368

印　　　刷＝崇寶彩藝印刷股份有限公司
定　　　價＝250 元
港　　　幣＝83 元
初　　　版＝2013.12
四　　　刷＝2018.06
書　　　號＝935031

幼獅樂讀網
http://www.youth.com.tw
e-mail：customer@youth.com.tw
幼獅購物網
http://shopping.youth.com.tw

基本資料

姓名：.. 先生／小姐

婚姻狀況：□已婚 □未婚　職業：　□學生 □公教 □上班族 □家管 □其他

出生：民國................. 年................. 月................. 日

電話：（公）................. （宅）................. （手機）.................

e-mail：..

聯絡地址：..

1.您所購買的書名：　**生活物理SHOW!**

2.您通常以何種方式購書?：□1.書店賞書　□2.網路購書　□3.傳真訂購　□4.郵局劃撥
　　　　　　　　（可複選）　□5.幼獅門市　□6.團體訂購　□7.其他

3.您是否曾買過幼獅其他出版品：□是，□1.圖書　□2.幼獅文藝　□3.幼獅少年
　　　　　　　　　　　　　　　　□否

4.您從何處得知本書訊息：□1.師長介紹　□2.朋友介紹　□3.幼獅少年雜誌
　　　　　　（可複選）　　□4.幼獅文藝雜誌 □5.報章雜誌書評介紹.................報
　　　　　　　　　　　　　□6.DM傳單、海報 □7.書店 □8.廣播(　　　　　　　)
　　　　　　　　　　　　　□9.電子報、edm　□10.其他.................

5.您喜歡本書的原因：□1.作者　□2.書名　□3.內容　□4.封面設計　□5.其他

6.您不喜歡本書的原因：□1.作者　□2.書名　□3.內容　□4.封面設計　□5.其他

7.您希望得知的出版訊息：□1.青少年讀物　□2.兒童讀物　□3.親子叢書
　　　　　　　　　　　　□4.教師充電系列　□5.其他

8.您覺得本書的價格：□1.偏高　□2.合理　□3.偏低

9.讀完本書後您覺得：□1.很有收穫　□2.有收穫　□3.收穫不多　□4.沒收穫

10.敬請推薦親友，共同加入我們的閱讀計畫，我們將適時寄送相關書訊，以豐富書香與心
　　靈的空間：

(1)姓名................. e-mail................. 電話.................

(2)姓名................. e-mail................. 電話.................

(3)姓名................. e-mail................. 電話.................

11.您對本書或本公司的建議：

10045　台北市重慶南路一段66-1號3樓

幼獅文化事業股份有限公司

··

請沿虛線對折寄回

客服專線：02-23112832分機208　　傳真：02-23115368

e-mail：customer@youth.com.tw

幼獅樂讀網http：//www.youth.com.tw

幼獅購物網http://shopping.youth.com.tw